真菌大未來

THE FUTURE IS FUNGI

從食品、醫藥、建築、環保到迷幻，
不斷改變世界樣貌的全能生物

獻給道特

插圖說明

據科學家估計，自然界中存在超過六百萬種真菌，迄今卻只有十二萬種被鑑定出來，也就是說，有 98% 的真菌物種仍未被發現。我們從「共享創意特許條款」裡取得了一些創作插圖，藉以一窺真菌成員的外型多樣可能性。

封面上的圖是對菇類的想像，可用來描述真菌在自然界中作為創意建築師和煉金術士的角色。

各章開篇圖片所描繪的生物地景，則是對可能的未來或另一種當代情景所提出的概念想法，呈現真菌不斷擴展繁殖且茂盛生長。觀看這些想像圖，我們可以試著理解真菌如何在天地萬物中扮演不可或缺的角色。

書裡一些黑色背景的菇類圖，是根據目前已知真菌物種外型，以科學方法精確繪製的仿真圖。

本書中所有插圖，除了兩張圖表外，皆由喬安娜・雨格寧（Joana Huguenin）以數學模型模擬真菌形態後，再加上紋理、色彩及光源所創作的 3D 藝術作品。這些圖將大自然和數位技術結合，幫助我們發現、編目和瞭解自然界中的所有真菌物種。

免責聲明

本書內容僅用於教育目的，不作診斷、治療、治癒或預防任何狀況／疾病之用。本書無意替代醫師諮詢。若需任何個人化建議，請尋求擁有執照的專業人士，以獲取相關醫療保健和福祉。

隨著真菌研究不斷進行，有關真菌鑑定及其可食性和毒性的指引可能會改變。雖然本書中提供的資訊在作者撰稿時皆經過求證，但強烈建議未來的菇類採集者，尋求經驗豐富的菇類採集者和／或最新的圖鑑建議。此外，採集者有責任在採集任何野生食物之前向有關當局核實是否需任何許可證或特許證。自行採食真菌可能造成嚴重傷害，讀者需自行承擔風險。

對於因本書所含資訊或其中的任何錯誤／遺漏，直接或間接對任何一方造成／據稱造成的損失、傷害、擾亂或危害，作者和出版商不承擔任何責任。

林麥克 MICHAEL LIM、蘇芸 YUN SHU 著
顧曉哲 譯
喬安娜・雨格寧 JOANA HUGUENIN 繪

真菌大未來

從食品、醫藥、建築、環保到迷幻，不斷改變世界樣貌的全能生物

積木文化

FUNGI CAN FEED US

真菌可以餵飽我們

FUNGI SHAPE OUR WORLD

真菌型塑我們的世界

真菌可以

E OUR WORLD

FUNGI CAN HEAL US

FUNGI CAN FREE US

FUNGI CAN SA

目次

前言

甘瑟·韋伊博士
Dr Gunther M Weil

1960~1963 年「哈佛裸蓋菇素菇計畫」（Harvard Psilocybin Project）主要成員之一。在進行開創性的致幻劑研究時，他與蒂莫西·利禮（Timothy Leary）、李察·艾爾帕（Richard Alpert，又名 Ram Dass）、勞夫·麥茲勒爾（Ralph Metzner）以及喬治·黎特文（George Litwin）密切合作。1965 年，韋伊於哈佛大學取得博士學位並成為「歐洲傅爾布萊特計畫」（Fulbright Scholar）的獎助學者後，被亞伯拉罕·馬斯洛（Abraham Maslow）延攬至布蘭迪斯大學（Brandeis University）任教。他是「價值導師」（Value Mentors）的創辦人兼執行長，也是國際公認的管理諮詢師、高階主管教練和教育家，為各主管及其所屬機構提供以價值為基礎的領導理論，以及創新、團隊建立和高階主管健康方面的建議。

1960 年秋天，當時的我二十三歲，在麻薩諸塞州牛頓市一棟豪宅的客廳裡，首次體驗了裸蓋菇素。我在哈佛大學的指導教授蒂莫西·利禮博士租了這棟豪宅，他那年四十歲，在社會關係學系擔任第二年的臨床心理學講師。裸蓋菇素研究計畫的第一年間，這裝飾著印度版畫、聖靈藝術圖像和玩家級音響系統的客廳，成了幾乎每週舉行一次的裸蓋菇素歷程聚集地，吸引許多有趣人物前來探訪。

初次體驗致幻的那天，一同參與的還有奧爾德斯·赫胥黎（Aldous Huxley）的兒子馬修·赫胥黎（Matthew Huxley）、艾倫·金斯伯格（Allen Ginsberg）和他的伴侶彼得·奧爾洛夫斯基（Peter Orlovsky）、李察·艾爾帕博士、勞夫·麥茲勒爾、提姆（蒂莫西）和他的摯友兼心理學家同事法蘭克·巴倫（Frank Barron）。那次體驗具有深刻變革性，改變了我的人生軌跡。

裸蓋菇素歷程是「統一而非雙重意識」的深刻體驗，意思就是：幻象中的量子是相互連結的。一旦探索了這種意識的多個層次與等級，我開始體認到自己截至那時的生命經歷，不過是更深層意識鏡頭所提供的可能性中占據的一小部分。我能夠以意志力擺脫那個自我中心的小我，且能更客觀又帶點不確定地看待「甘瑟」這個角色，以及他如何藉由所繼承的種族、文化和慣有的世界觀來運作這個角色——彷彿用無意識的鏡頭、信念或設想重新看待生命一樣。

這些經歷為我的世界觀帶來巨大轉折。我注意到自己如何無意識地運作各種框架，這些框架是由生活經歷（也包含童年創傷）所編成的。直到那時，我的一切所學和信仰都被徹底顛覆了。

在我們的第一次集會當中，提姆瀟灑地穿著很有教授風格的斜紋花呢絨運動外套、卡其褲和運動鞋，熱情分享他前一年夏天在墨西哥庫埃納瓦卡（Cuernavaca）第一次使用裸蓋菇素後變革性的頓悟和啟示。從那時起，他就致力於研究致幻劑在理解意識和人類大腦、神經系統與心理學方面可能發揮的作用。

提姆風流倜儻、嫵媚動人、風趣又非常聰明。他親切地說：「如果你對這個題目有興趣，我很樂意當你的指導教授。如果沒有，那你最好去找其他人。」

我不經思索地說：「算我一份！」此後我便成了哈佛裸蓋菇素計畫的核心團隊成員之一。該團隊包括同為研究生的勞夫·麥茲勒爾和喬治·黎特文，以及李察·艾爾帕博士。為了替這趟全新冒險做準備，我開始閱讀與聖靈相關的真菌和植物歷史、它們在古代儀式中的用途，例如來自世界各地的希臘愛留西斯秘儀（Eleusinian Mysteries）和原住民薩滿文化，以及歐洲藝術家奠基於仙人掌毒鹼（Mescalin）的早期致幻探索旅程。

後來我才回頭意識到成長、教育和生活經歷如何讓我一路做好準備，加入提姆的裸蓋菇素計畫團隊。1939年底，我和父母乘坐最後一批移民船從納粹德國逃到美國，當時我只有兩歲。在一個中產階級、擁有學術和音樂天賦的猶太家庭中長大，我對知識和創作的興趣都得到支持。我總是非常好奇好問。事實上，時至今日，我的核心價值觀之一就是尋找生命意義。1950年代，十幾歲的我混跡在威斯康辛州密爾瓦基（Milwaukee）和芝加哥的爵士樂俱樂部中，接受咆勃（Bebop）爵士樂洗禮。樂師朋友們給了我大麻，那讓我經歷了許多認知提升和感官流動狀態與頓悟。1959年我畢業於凱尼恩學院（Kenyon College）畢業，雙主修哲學與心理學。1959~1960年，在進入哈佛大學研究所之前的學術中斷時期，我獲得挪威奧斯陸大學的傅爾布萊特獎學金。那一年，我在巴黎度過了很長一段時間，與各式各樣的外籍美國藝術家一起在爵士樂場廝混。

在哈佛期間的前三年，我參與了許多裸蓋菇素歷程。當時的我們才剛開始要瞭解致幻體驗的博大精深。整個過程如同造訪一個陌生星球，我們一方面觀察，另一方面也參與探險，最後像人類學家一樣將這些經歷記錄下來。我們基本上就是持續「從做中學」，而且大家的共同目標就是要將這些經歷應用到開啟能進行療癒的意識大門，以及科學與藝術的發現與創新上面。

根據古代和原住民儀式的研究結果，我們很快明白：讓人能夠安全地進行致幻體驗並從中得到啟發的重要關鍵，就是「心態和環境」。我們將「心態」定義為人們進行致幻體驗時的內在意圖、信念、期望和心態。「環境」的部分，則定義為周遭物理空間、氛圍、位置和美學；這些也就是來自感覺器官的感受，例如聲音、氣味與視覺等。

為了讓具有正面意義的轉型體驗達到最大化，我們必須盡可能地減低參與者的恐懼感與焦慮感。要達到這樣的效果，就必須有個能放鬆身體的感官感受以及解開心理認知理念的舒適環境。其實，每個人內心都有一套自己的療癒智慧，所以在引導致幻歷程時應盡量減少外力引導或干擾，讓自己盡情發揮，也就是「少即是多」的概念。以直覺為指引，並由個人經歷直接提供前進方向的資訊，是我們一直在學習的方法。

我們是致幻研究的先鋒部隊，深信所作所為對於理解人類意識來說非常重要，也以「改變並提高意識狀態，進而造福所有人類」為己志。相信手中握有裸蓋菇素這個終極武器，就如同利用高倍電子顯微鏡探索微觀世界，我們將利用它一窺意識的神秘世界。

提姆天生就是一位桀驁不馴的黑色愛爾蘭詩人，思想大膽，蔑視教條與專橫獨斷的機構權威，且堅信致幻劑將改變這個世界。他深明過往偉大先知所經歷過的高處不勝寒之感。

提姆和李察・艾爾帕於1963年被哈佛解僱，那時他們一起搬進紐約州北部的米爾布魯克（Millbrook）莊園。該莊園腹地約兩千三百英畝，擁有六十四個房間與悠久歷史，由梅隆（Mellon）家族的財富繼承人佩吉（Peggy）、比利（Billy）和湯米・希區考克（Tommy Hitchcock）共同持有。提姆和理查試圖以「探索身心靈聯盟」（League for Spiritual Discovery）和「卡斯塔尼亞基金會」（The Castalia Foundation）的名義，在那裡重啟致幻研究的爐灶。

由於致幻劑已經成哈佛大學的禁忌話題，為了順利在來年畢業，我被迫更改我的論文重點。在1965年畢業之後，我接受亞伯拉罕・馬斯洛的邀請到布蘭迪斯大學任教。馬斯洛以「需求層次理論」（Hierarchy of Needs）聞名於世，是公認的人本主義心理學之父。亞波（Abe，也就是亞伯拉罕）研究高峰體驗，而我的工作是創造高峰體驗，所以我們之間才有了火花。從事教學工作一年後，我對哈佛的老團隊還是念念不忘，這也讓亞波對我大失所望。1966年6月，我毅然辭去布蘭迪斯的教職，與妻子和兩個孩子一起搬進米爾布魯克莊園，與提姆和理查會合。

住在米爾布魯克莊園的期間，是一段激動人心且具開創性的時光，藝術、科學、文學和許多其他各行各業的人流在那穿梭不息。艾倫・瓦茨（Alan Watts）、艾倫・金斯伯格、迪吉・葛拉斯彼（Dizzy Gillespie）和查爾斯・明格斯（Charles Mingus）等名人亦進出於此。他們都是富有創造力且勇於冒險的人。千萬別誤以為在米爾布魯克莊園的體驗是很輕鬆自在的，就連初期全心投入與合作「探索身心靈聯盟」的尼娜・格拉博伊（Nina Graboi）都將莊園描述為「鄉村俱樂部、瘋人院、研究所、修道院和費里尼電影布景的結合體」。[2]我和妻子後來都認為，米爾布魯克莊園不是一個適合孩子成長的地方。

就在住進莊園大約一個月後的某天晚上，我做了一個非常清晰的預言夢並瞭解到：如果留在那裡，最終只會毀了自己與家人的未來。身為一個年僅二十七歲的丈夫和兩個年幼孩子的父親，我認為必須重回原本的職業生涯。僅僅過了幾個月，我就離開了米爾布魯克莊園，回到劍橋過起平凡的生活。之後，我逐漸淡出致幻劑在個人和專業研究上的參與，並且慢地利用冥想、氣功和太極拳來訓練身心靈以及保持活力。

我應該是哈佛裸蓋菇素計畫核心團隊的僅存成員，也因為這樣的特殊身分，我希望能在回顧早年致幻經歷的同時，分享我的學習和見解。誰也沒料到真菌能讓心靈探索不再遙不可及，因為著名致幻劑LSD（麥角酸二乙醯胺）的前驅物就藏在麥角真菌裡，而且不起眼的致幻菇在世界各地的野外隨處可見。

我此生所學到的幾件重要事情之一就是：當世界觀發生重大轉變，隨之而來的便是與新世界觀相關聯的價值觀。即便如此，我永遠都是愛、卓越、完整、憐憫、同理心和合作等價值觀的忠誠擁護者。就致幻劑而言，有一些重要的認知是需要牢記在心的。雖然致幻劑具有暫時開啟一道心靈之門的潛力，讓你進入並瞭解到內心自由持久不變的可能性，但這種自由不是由致幻劑所建構出來的。事實上，在致幻過程中，你會有幾個小時的時間體驗更深一層的頓悟，並感受一個內心自由的相似物。對我而言，致幻劑讓我可以看到支撐天地萬物背後的那些美麗又難以理解的事物，以及無所不在的愛，當然也讓我看清這部我們都身處其中的巨型電影。然而，一直依靠致幻劑不斷重複某種精神或超然體驗，是很危險的。你很容易就會陷入追求永無止境的致幻體驗，然後走進精神和心理上的死胡同。整合身心靈洞察力更有生產力的世界觀，以及與這個世界觀相關的價值觀和表現的行為，才是體驗迷幻之後要開始的真正工作。

這個整合工作包含拆解錯誤的信念、態度和設想，以及療癒身心相關的創傷。雖然迷幻的心靈體驗會有所幫助，但單靠致幻體驗卻沒有後續的付諸檢討，是無法解決問題的。

對我來說，從我二十多歲在哈佛的致幻劑體驗開始，一直到這六十年來的內在身心靈修養，就包括了葛吉夫功夫（Gurdjieff Work）、佛教、道教和吠檀多不二論（Vedic Advaita）的教義與實踐，以及武術與氣功和太極拳的療癒藝術。直到最近幾年，在當前致幻復興的激勵之下，我才再次鼓起勇氣探索裸蓋菇素。只是這趟旅程有別於以往，有著非常明確的意圖。在我生命接近八十五歲的這個階段，我想探索的是我對死亡的感受，同時也持續療癒自己在孩童時期與父母一起遭受納粹大屠殺（Holocaust）迫害，到現在還留有的一些心靈創傷餘燼。

我的一生致力於探索人類意識，然而致幻劑只是真菌所創造的非凡故事情節之一。除了致幻劑，真菌還型塑了自然世界、生產拯救生靈的藥物並創造了美食。有趣的是，如果將真菌套用在馬斯洛的「需求層次理論」上，就會發現真菌可以幫助我們滿足許多需求。首先，在理論底層的「基本生理需求」上，真菌為我們提供了食物、藥物和原料。接著，在「安全需求」方面，真菌不僅滿足我們所需，還遠超預期，這當中包含了無數生物技術，以及利用真菌環境修復的解決方案來淨化環境。致幻劑帶著我們踏上前往內心世界的旅程，體驗愛的覺醒並超越那個以「小我」自居的自己。真菌具有滲透人類體驗的廣大潛力，本書會將人類與真菌的連結置於所有事物的中心。

作者麥克和芸創造了一個極具吸引力、令人耳目一新、感動又發人深省的真菌探索過程。他們藉著追尋從過去到現代研究與應用的真菌演化根源，從而找到通往未來的鑰匙。你可以在本書中找到智慧。作者在書中分享了他們對一個擁有十億年歷史的生物界，如何在廣大且協同合作的深層生態學網路中淬煉出自己的生存策略，所感受到的驚奇與敬畏。

這是一本讓我們重新發現自己與自然和周圍世界關係的書。也只有這樣做，我們才有可能實際探索並共創像真菌界一樣持續、適應性強且具創造性的未來。

致幻劑帶著我們踏上前往內心世界的旅程，體驗愛的覺醒並超越那個以「小我」自居的自己。

簡介

林麥克
蘇芸

從容不迫的大自然不會倉促行事，所以崇高而優雅的生命形態，才能以最真實的方式蓬勃發展。創造力在大自然中隨處可見，例如雕塑、交易、改造、分解和回收等。真菌支撐地球上生命運作逾十億年，利用菌絲體的每一根細線，編著生命世界的織錦畫。它們就是展現創造力設計的巔峰之作。

真菌一直是自然界的建築師和煉金術士。幾千年來，人類利用分子的力量將小麥做成麵包、以水果釀成美酒，生活因此變得更加豐富。二十世紀中葉以來的技術進步，加速了對真菌（學）的研究，進而引發一場潛力無窮、可以將我們帶往豐饒世界的生物技術革命。

在本書裡，我們探討如何利用真菌進一步將物質轉化，並提供各種解決方案，以徹底應付當今急需處理的生態與社會問題。真菌能進一步被改造，以增加食物產量、長出未來的肉類替代品、創造新的藥物來源、生產可永續發展的生質材料、復育環境，以及改變我們的意識狀態。

真菌遍及地球的每一個角落，甚至還可以在外太空存活。它們本身就是一個學無止盡的生態學課程，而且顛覆了我們關於智能為何物的傳統觀念，也重新定義了所謂的足智多謀、合作、復原力和共生關係。真菌在五次生物大滅絕後倖存下來，並為地球上的生物提供創新解方，讓他們可以欣欣向榮。然而，我們對真菌的瞭解卻遠遠少於動植物界。

真菌的未來將滲入所有學科和商業模式當中。它們不僅吸引研究人員鑽研、發現未來的應用，也引起投資者的注意，在食品和醫藥生物技術、心理健康服務和環境修復等新興領域當中創造價值。神秘的真菌世界，仍有許多新事物等我們發現。

真菌，尤其是菇類，正在成為文化時代思潮的一員。採集可食用的菇類、在家種植藥用菇類、使用致幻劑來進行個人解放，以及重新探索薩滿教儀式……這些行動以往都是地下化秘密進行，現如今已漸漸浮出檯面。未來就是現在，這個未來正被一群想要積極改變的人們所構築，而這個改變可以被真菌催化並加速進行。本書透露了我們對真菌和人類狀況的長期迷戀。真菌的討論如同菌絲體生長，其迅速擴散到對歷史、科學、哲學、靈性、整體福祉和生態學層面的探索。「為一個神秘又特別的生物界發聲。」我們被這股力量驅使著。鑑於這個生物界無法用言語表達自己，所以也才有了這本關於真菌（包含它們智慧的未來）的應用書籍。本書也是一個更深層次探索自身意識的邀請。作為一個會呼吸、有意識的存在，我們有責任理解這個世界以及我們身在其中的作用。我們希望以真菌為媒介，探討並思考人們在這一小片時空中所扮演的角色，進而互相分享我們對於人類學的好奇心。

完美是進步的敵人。本書絕非詳盡的探索資料，只是利用真菌探索廣大世界與心智的諸多旅程之一。大自然給予我們意識的魔力，希望讀者能在本書中找到一個新概念，並且試著去運作它，看看它會怎麼發展。

因為真菌，我們知道彼此相互依賴而生。當最終敞開心胸的時候，我們就會發現自始至終都身處於自然之中，從未離開過。歡迎歸來。

THE KINGD

THE KINGDOM OF FUNGI

M OF FUNGI

M OF FUNGI

THE KINGDOM OF FUNGI

THE KING

在這世界上最大的生物體是真菌。奧氏蜜環菌（*Armillaria ostoyae*，通常被稱為蜜環菌），以菌絲體的形式生長在俄勒岡州馬盧爾國家森林（Malheur National Forest）的地底下。[3] 蜜環菌覆蓋區域驚人，有965 公頃，相當於 1,600 個足球場，且根據其目前的生長速率推斷，這株真菌已持續生長達八千年之久。

真菌型塑我們的世界

沒有任何生命是孤立存在的。只要活著，就會成為錯綜複雜的因果關係網路當中的一部分。我們與植物、動物、細菌和真菌的生命交織在一起，共同運作形成地球的律動心跳。

在這些生命構築而成的絲線當中，最未得到正確評價與被研究的，就是真菌界當中的成員。真菌無比強大又複雜，但它們在自然界中無所不在的作用卻不那麼為人所知。隨著這個神秘世界的曝光，我們相信未來對此領域的研究和投資一定會快速增加。

真菌型塑和改變環境，支撐著幾乎所有陸地生態系統的健全發展。雖說大部分時間真菌都隱藏在地下或動植物體內，但對關鍵生態系統的運作過程卻扮演著重要角色。有些真菌在土壤中交織生長、分解物質並回收養分，為動植物營造健康的土壤環境。它們掌管著生與死的交界，如果沒有它們，這個世界將被倒下的樹木、動物遺骸和貧瘠土壤所掩埋。其他真菌會與所有形式的生命形成緊密又合理的伙伴關係，並支持著幾乎所有生物體的健康。啤酒、葡萄酒、巧克力、麵包、青黴素和清潔劑等，都是依賴真菌所製作出來的現代產物。此外，還有一群強大的真菌，其含有可以引發愛、創造力與連結變革體驗的精神活性化合物。

可以很肯定地說，如果沒有真菌，我們所知道的世界就不會存在。真菌是大自然的煉金術士，而且掌握著開啟未來大門的鑰匙。

1.1

我們全都來自何方？

為進一步理解真菌的重要性，我們從科學和歷史的交叉點說起。

我們的地球已有四十五億年歷史。生命之樹可以追溯到大約四十億年前LUCA，即「最初的共同祖先」（Last Universal Common Ancestor）。[4]最早的生物是有著基本構造的單細胞原核生物，而單細胞生物是可以被視為活生物體的最小單位。這些單細胞生物以古菌域（domain *Archaea*）和細菌域（domain *Bacteria*）當中的成員為代表。我們今天所知

道的樹木、鳥類、昆蟲和魚類，在四十億年前是不存在的。

數百萬年來，為了在地球環境條件的變化中存活下來，原核生物融入了更大、更複雜，被稱為真核生物的生物體，也因為這樣，才有今天自然界所呈現的生物多樣性。真核生物是真核生物域（domain *Eukaryota*）的主要成員。這些成員又被分成四個界：植物界、動物界、真菌界和原生生物界（其他所有的真核生物）。人類是哺乳類動物，與從電鰻到大象的所有其他動物一樣，屬於動物界。所有生命，無論老橡樹還是聖雄甘地（Gandhi），都起源於相同的原始生物體。只要想到這一點，就會不禁令人感到謙卑。

十億年前，真菌從動物的生命之樹中演化出分支。因為真菌界與動物界非常接近，所以分類學家提出了一個可以結合了兩者的超界（Superkingdom），也就是「後鞭毛生物」（*Opisthokonta*）。直到1969年，生態學家羅伯特・哈丁・惠特克（Robert Harding Whittaker）用新的界分類法，正式確定了真菌的重要性、規模和多樣性，這個長達十億年的差異才得到認可。過去，真菌被歸類為植物並被視為低等生物，研究被排擠在植物學系中不起眼的角落。

正如惠特克所認識到的，真菌與動物的關係比植物更密切。真菌可謂人在演化上的表親，其與我們共享近50%的DNA。真菌細胞壁與纖維素構成的植物細胞壁完全不同，其基本組成成分是幾丁質（Chitin），這種物質也可以在甲殼類動物和昆蟲的硬殼中發現。與動物一樣且與植物不同的是，真菌是異營生物（Heterotrophs），無法利用光合作用生產自己的食物，而是必須從環境中獲取。動物選擇將胃部內化，而真菌則執行外化的胃。它們將酵素分泌到環境裡，以在外部消化食物，然後再將其吸收到細胞中。真菌的「口味」也比我們廣泛得多，從走味的舊麵包

生命之樹

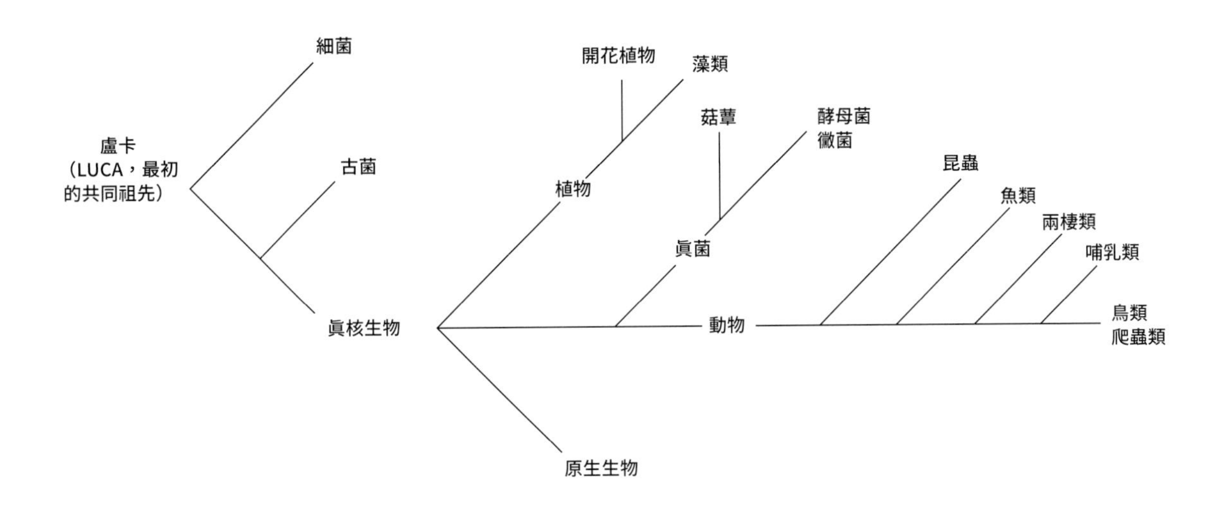

到塑膠，甚至是核廢料，無所不包。這種能力是現代食品和醫藥生物技術的基礎，並在環境修復中被應用。

真菌在自然界中多以微觀型態存在或生長在地底下，所以研究不易，但是近幾十年來，真菌學家已取得進展。技術的進步讓環境中的真菌DNA可以被鑑定出來。不幸的是，由於尚不存在完整的真菌DNA紀錄，所以這些DNA無法與任何紀錄配對。即使被收錄，該物種也可能在真菌博物館中被放置數十年才獲得經費進行研究，進而瞭解它們在自然界中的作用、它們之間的相互作用，以及它們要被放在生命之樹的哪個位置上等議題。

迄今，僅有十二萬種真菌被鑑定出來。科學家使用一種被稱為「DNA條碼」（DNA Barcoding）的複雜過程估算，發現自然界中存在超過六百萬種真菌，也就是說98%的真菌仍未被發現，顯示真菌學尚未被開發的潛力。[5]按照每年數千種新真菌物種被發現的速度估算，要鑑別地球上所有真菌物種，將會需要一千年以上的時間。很明顯地，真菌學家在發現新物種這一塊領域上還有很大的努力空間，而造成此結果的限制因素，就是因為沒有足夠的真菌學家。在培養菇類或真菌培養（Myco-culture）實作方面，也有積極推動該領域不斷往前發展的公民科學家社群，例如愛自然人（iNaturalist）和真菌觀察者（Mushroom Observer）等網站，讓業餘真菌學家和愛好者有平臺可以記錄他們發現的菇類，並產生有關真菌多樣性和保育的數據。

我們對真菌的瞭解遠少於動植物，但發現仍在不斷進行中。事實上，真菌是新聞版面上的常客，其在生物技術革命、素食運動、健康營養補充品工業、農牧地區整治和致幻劑復興當中扮演著關鍵角色……

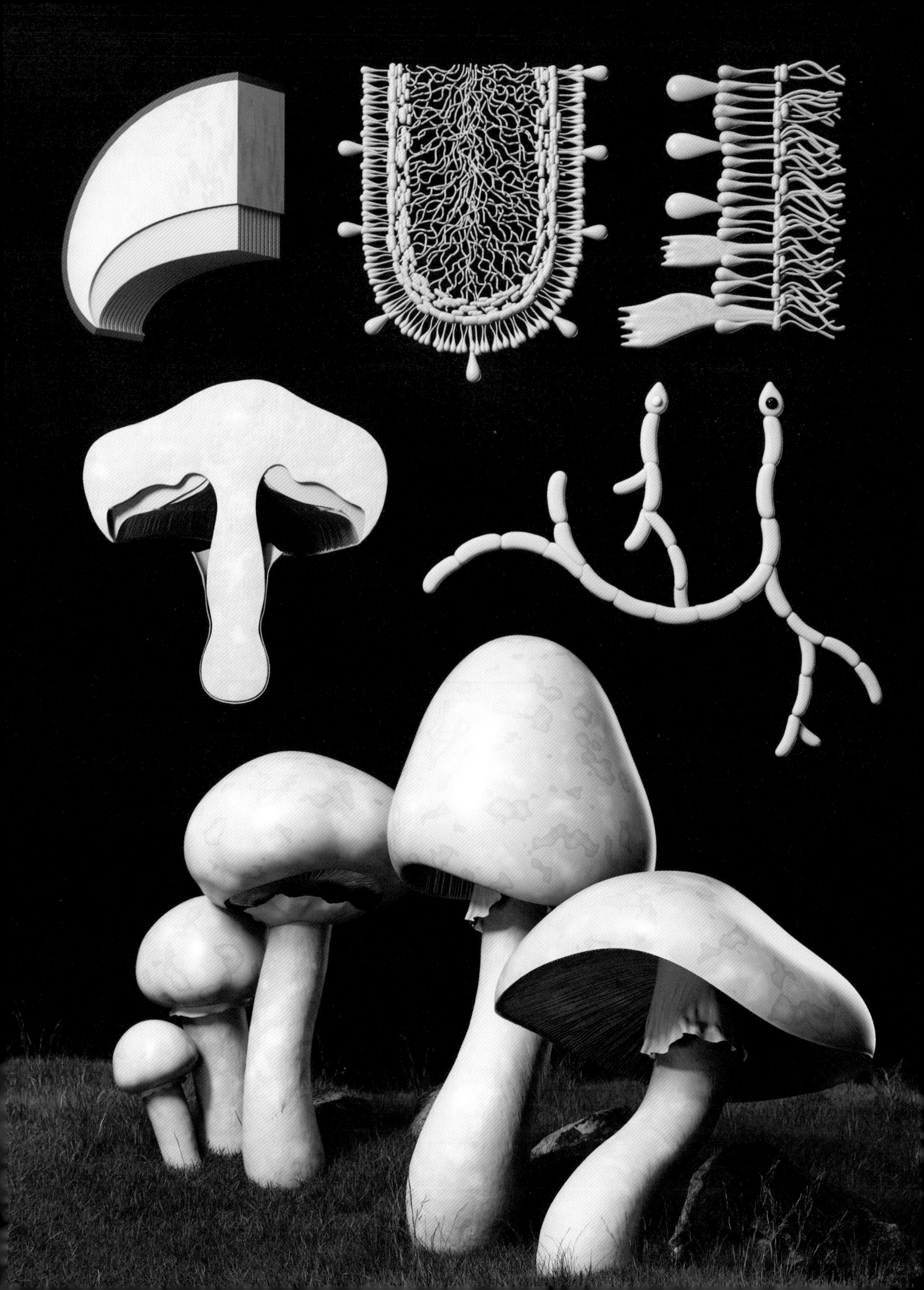

1.2

什麼是真菌？

真菌的多樣性令人難以置信，除了常見具有菌傘（Cap）與菌柄（Stem）的菇類圖像外，還有棒狀、珊瑚狀、貝殼狀和球狀等多樣外形。菇類還只是廣大真菌物種的冰山一角。

事實上，只有10%的（已知）真菌會產生菇。酵母菌、黴菌和粉狀黴菌都是真菌，但其中大多數是肉眼看不見的，根本不會產生菇。菇只是廣大真菌菌絲網路中的生殖器官而已。如果認為真菌就只是菇，就好比認為人類只是個生殖器一樣。

翻開森林裡的一堆樹葉，你會看到白色且毛茸茸的斑塊附著在樹葉下面，這些白白的、看起來像棉花的團塊，就是由單股絲狀菌絲所組成的菌絲體。菌絲體和菌絲結構是真菌的營養階段，負責生長和吸收。這個結構通常存在於土壤之中，不僅協助真菌尋找食物，也有增加土壤通氣性的作用，進而有利於整個生態系統。當菌絲聚集融合、沉入水中以及出菇的時候，菌絲就會變得明顯可見。菇類可以被用作識別真菌身分之用，例如為馬勃菌（Puffballs）、羊肚菌（Morels）、毒鵝膏（Death Caps）等都有明顯不同的外型。

實際上，真菌是囊括菇和菌絲體的統稱。來，跟我唸一遍：所有菇類都是真菌，但並非所有真菌都是菇類。

菇類出現的唯一生物學目的就是繁殖，它們所含的孢子是繁殖的基本單位，功能類似於植物的種子。菇類有各種形狀、顏色和大小，但它們都只有一個功能：將孢子釋放又遠又廣。

所謂的「菇」，可以是孢子束（Sporophores）、產孢體（Sporing Bodies）和子實體（Fruiting Bodies）。由於過去真菌曾經被當作植物研究，因此有許多術語都是由植物學當中借用而來，而且這些術語一直被廣泛的使用至今。在本書裡，我們將菇稱為產孢體，以鼓勵過渡到真菌專用語言上。（譯者按：在現有實據中，亦存在產生無孢子菇結構的真菌，故此觀點僅供參考。）

利用產生菇來進行繁殖的真菌種類屬於大型真菌，其他絕大多數不會形成子實體的真菌，因為繁殖過程通常是肉眼無法看見的，所以被稱為微型真菌（Microfungi）。為了適應不斷變化的環境，酵母菌以外的真菌藉由遺傳物質的重新洗牌，來不斷優化其生存策略。[6] 透過有性生殖，

左圖：從左上角按順時針方向，依序為菇類菌傘和菌褶切片；菌褶的放大圖；菌褶釋放孢子的高倍放大視圖；兩種合適的菌絲交配型融合形成菌絲體；菇類產孢體（子實體）的生長週期；菇類子實體的橫截面。

這些真菌發展出新的形態、特徵和化學物質。

真菌的有性生殖真的很奇特。即便你在顯微鏡下觀察真菌，也無法發現性別差異；真菌沒有雄性或雌性，也沒有可以區別性別的器官，更遑論辨別一種真菌與另一種真菌的性別。真菌之間的交配受到許多基因的控制，這些基因將其分為許多不同的交配型。

澳洲維多利亞皇家植物園首席真菌學家湯姆・梅（Tom May）針對真菌的交配有這樣的描述：「你在一家夜店裡，每個人都穿著一件印有數字的T恤。每個人在性別方面看起來都一樣，因為沒有性別差異。只要某人的號碼與你的號碼不同，你就可以與他們開始一段性關係。如果數字相同，那麼他們就是你的一家人，也就不可能發生交配的狀況。」

這種交配方法讓真菌擁有巨大的遺傳多樣性潛力。而且這也是繁殖的首要目的：確保你的品系變得更強大、更健康、更適應環境。

所有菇類都是真菌，但並非所有真菌都是菇類。

1.3

真菌如何進食？

經典的食物鏈模型，將植物當作生產者、動物當作消費者，而真菌則是回收者。由於菌絲體要一直尋找食物、水和營養物質以供給生長所需，所以會不斷地改變形狀。它們是大自然的媒介物，執行著生與死之間的過程。

面對環境中的各種資訊與線索，例如食物來源、競爭者和病原體，真菌會以複雜的化學訊號做出反應。然而，我們對這些化學訊號的工作原理卻知之甚少。[7]真菌可以在最惡劣的環境中分解物質並蜿蜒生長、適應基質並萃取養分，然後產生孢子束（發黴）孕育出新生命。為進一步瞭解真菌如何完整實現其生態棲位的角色，讓我們回顧一下演化史。

作為陸地生物，我們鮮少會去想最初發生在海洋當中的數十億年演化過程。當早期的生物在富含養分的海洋中開始出現，生命就持續在海洋中大量繁衍並茁壯成長。相較之下，那時的陸地是個貧瘠且散布著岩石的不毛之地。

科學家認為，真菌、細菌和可能是藻類的微生物群落，首先在十億年前就生活在陸地上。[8]真菌藉由透過滲透和化學策略，從岩石中獲取賴以維生的礦物質和水，慢慢地將緻密且複雜的岩石結構分解成土壤。它們是貧瘠地表上最早的殖民者，為幾億年後抵達陸地的植物祖先奠定適合生長的基礎。

這些早期抵達陸地的植物是綠藻，它們能利用太陽能進行光合作用並產生所需要的醣類。起初，由於它們還沒有形成根系，無法從土壤中獲取水分和重要養分，所以還無法生活在離海洋太遠的地方。[9]

自然的原則是節約，也就是花最少的精力來完成一個過程。隨著海洋資源競爭加劇，真菌和早期植物形成一種共生夥伴關係，以確保它們在陸地的未知領域上可以占有一席之地，共同存活下來。在各取所需下，雙方形成一種對彼此來說最經濟的交易方式：植物與真菌共享醣類，而真菌會與植物共享礦物質和水，並且扮演植物的根系角色。這是一種生理上的夥伴關係：在這個關係上，植物允許菌絲體生長並占據其細胞內空間，以促進資源交換；作為回報，真菌會讓植物使用它們的菌絲體。當植物遠離海洋時，這是一種更容易獲取微量營養素和水分的方法。

雖說真菌的譜系並未在化石紀錄中得到較完整的保留，但一般認為，這種夥伴關係至少發生在四億八千萬年前。[10]屬於沉積礦床的萊尼燧石層（Rhynie Chert），其橫切面就保存著來自四億一千萬年前的完好植物和真菌化石，當中可以清楚地看到菌絲體進入植物細胞的樣子，也證實了真菌與藻類這種親密關係的存在歷史。[11]

數百萬年來，植物演化出自己的根系，也形成了木質素（Lignin），其為木材中的硬質結構成分，可使樹木長得高大並支配整個森林生態系統。真菌在與植物共同演化之下，發展出分解木質素的獨特能力，並能充分利用這種新的豐富食物來源。真菌的這種能力有助於物質的循環與再利用，讓森林生態系統得以持續誕生、生長和衰敗的循環。隨著更多植物吸入二氧化碳並排出氧氣，大氣的成分也發生變化，進而提供動物可以生長的條件。

真菌和植物之間持久的伙伴關係從根本上型塑了自然世界，並為陸地上的所有植物和動物開啟演化大門。生命並不總是像獨立個體般會互相爭奪資源。共生其實也是演化的有力工具，真菌和植物都在相互交纏的演化歷史中獲得好處，就足以為證。

如今，真菌與食物鏈中大多數成員都保持著活躍的關係，並在所有生態系統裡扮演著極其重要的角色。真菌和植物以更專一的關係持續合作，結果也反映在複雜的現代地景上。

真菌一路演化至此，已可利用三種廣泛的策略，將幾乎所有的有機物轉為食物。有些真菌與動植物會形成雙方都受益的互利關係藉以獲取食物，如果這種關係是長期的，就是所謂的共生關係。最大的共生群體包括菌根真菌（Mycorrhizal Fungi）、內生真菌（Endophytic Fungi）和地衣（Litchen）。另一種策略是腐生真菌（Saprophytic Fungi）所採用的策略，它分解死亡或垂死的物質以獲取能量。最後一種，則是以活宿主為食的寄生真菌（PARASITIC FUNGI）所採用的寄生策略。一些真菌可以採用不止一種策略來生活，或是在適合它們的策略之間做切換。

互利共生者

菌根真菌

希臘文 *mýkēs*（眞菌的）＋ *rhiza*（根）

菌根真菌是與植物根系相互作用的地下菌絲體網路。它們是土壤中分布最廣的生物，[12]多達92%的陸生植物與真菌建立起菌根關係。[13]真菌將養分與水分分享給植物，然後換取來自植物的醣類。儘管大多數現代植物都可以自給自足，但是它們的根比菌絲體粗壯許多，所以要在土壤中尋找並萃取養分和水分，就會比菌絲體困難許多。菌絲體只有一個植物細胞壁的厚度，所以可以很容易地從一系列複雜的材料中萃取出營養，並將材料分解成水、二氧化碳、氮、磷和鈣等基本物質，所有這些分解後的產物都是讓植物茁壯成長的超級食物。植物與真菌有兩種連接的方法：外生菌根（Ectomycorrhizal）真菌會將植物根部包裹起來，而內生菌根（Endomycorrhizal）真菌則會穿透植物根部細胞。

與真菌保持菌根關係的植物會長得更茁壯，可以在山脈、亞北極苔原和熱帶森林等土壤貧瘠的地區生存。植物對這些好處的回報，就是讓真菌從植物中獲取可靠的食物來源。

內生真菌

希臘文 *endon*（在內部的）＋ *phyton*（植物）

內生真菌是在植物組織中生活和生長的菌絲體系統。所有植物的細胞中都含有一種或多種會影響其微生物群組成的重要內生真菌，類似細菌在人體腸道中構成微生物群的方式。為了換取保護和食物，內生真菌會產生化學物質，幫助植物吸收養分、抵抗疾病和承受來自環境條件不佳的壓力。我們也才剛開始瞭解這些緊密相關的複雜共生系統而已。

地衣

希臘字 *leikhēn*（將自己周圍吃掉的東西）

地衣是真菌與能夠進行光合作用的藻類或細菌的結合體。真菌為藻類或細菌提供保護，共生生物則提供真菌穩定的營養來源。這種聯合是共生的終極例子，因為地衣可以生活在真菌和藻類都無法單獨生存的棲息地之中。由於共生生物缺一不可，因此地衣被以單一的生物體來進行研究，這樣的做法突破了構成所謂個體的認知界限。新的研究顯示，酵母菌是地衣的第三個關鍵參與者，也很可能與這種共生關係交織在一起，密不可分。

地衣演化的確切時間並無定論，據估計，範圍從四億年前（早期生物登上陸地的定殖時期）到二億五千萬年前（植物於陸地上落腳之後）。就地衣這種可以生活在極端條件下的嗜極生物來說，它們無所不在，且生長範圍占據地表8%的面積。[14] 此面積超過加拿大、美國或整個歐洲的總和。看起來很特別卻又不起眼的地衣，讓我們重新思考所謂「活著」的概念到底意味著什麼。它們能在完全脫水的情況下存活，並在要死不活的狀況下進入休眠狀態。在貧瘠的環境中，只要補充水分，地衣就可以恢復生機。真菌與植物這種持久而複雜的夥伴關係也具有重要的生態意義，亦即地衣可以將岩石分解成土壤、促進養分和水的循環，並為野生動物提供棲息之所和食物。

分解者

腐生真菌

希臘文 *saprós*（腐敗）＋ *phyton*（植物）

我們的世界可以完全再生，要歸功於生氣勃勃的真菌和細菌微生物世界。腐生真菌是主要的大自然分解者，它們將受傷、垂死或已經死亡的物質分解成更簡單的化合物，以提供生態系統的其他部分使用。對真菌而言，落葉、動物屍體和倒下的樹樁都是營養豐富的食物來源。利用分解過程，真菌可以將原本固定在死亡物質中的營養成分給釋放出來。

腐生菌可說就是森林的消化道。具體而言，白腐、褐腐和軟腐腐生真菌負責分解木材當中非常堅韌的結構成分，例如纖維素、半纖維素和木質素。如果有機會接觸到倒下的原木時，仔細觀察在木材上生長的白色菌絲體，這就是真菌正在進行回收的樣子。

寄生

寄生真菌

希臘文 *parásitos*（在別人的飯桌上吃飯）

一些真菌為了生存而採取更激烈的策略，例如寄生真菌藉由引起疾病和感染，讓宿主變得虛弱甚至死亡。以我們自己為例，寄生真菌通常經由傷口進入人體，或以其他方式躲過已經虛弱不已的免疫系統，並引起腳癬和皮癬等病症。由於寄生真菌對糧食作物的影響，加上媒體大力渲染，使其變得惡名昭彰。但是，因為許多寄生真菌可以平衡生態系統中的群體數量，再加上這些被寄生死亡的動植物可以為其他生物提供生存所需的營養物質，所以實際上它們仍對食物鏈有益。況且，對自然界而言，沒有所謂的好壞之分。

有些真菌，例如蟲草屬真菌，會以怪異又可怕的方式操控昆蟲行為來幫自己傳播孢子，並在最後將昆蟲宿主吃乾抹淨。當偏側蛇蟲草菌（*Ophiocordyceps unilateralis*）的孢子落在弓背蟻（Carpenter Ant）身上時，蟲草會在螞蟻體內萌芽並分泌化學物質，劫持螞蟻的中樞神經系統並控制其身體活動。然後，真菌會「指示」螞蟻爬上樹，到達溫度和濕度最適合真菌生長的樹枝上，用力咬住一片葉子完成使命，而此時菌絲體正慢慢吞噬螞蟻體內的器官。最後，一個子實體從螞蟻的後腦勺冒出來，產生的孢子如雨滴般落下，讓保有這個演化獨創行為的新一代真菌，持續尋找下一個受害者。

右圖：菌根真菌改善土壤健康和植物生長。

有菌根真菌

無菌根真菌

1.4

真菌的生命週期

1. 一切始於一顆孢子

孢子是真菌生命週期的開始，也是結束。這些單細胞單元裡，包含著新真菌個體的繁衍密碼。面對無數微生物競爭者和惡劣的環境條件，孢子萌芽的機率極低，因此真菌釋放出數萬億個孢子來提高生存機會。孢子維持在一個暫停於生死之間的狀態，密切留意周遭世界並尋找適合落腳的地方。孢子很微小，無處不在，所以根本無法躲避它們，以我們自己而言，每次的呼吸都會吸入十個孢子。

被稱為「胚種假說」（Panspermia）的生命起源論甚至認為：生命的藍圖被包裹在一顆孢子當中，並在太空中旅行，在宇宙中尋找適合落腳的家園。儘管對此假說爭論不休，但我們確實知道孢子可以耐受極端溫度、抗輻射，甚至可以在真空狀態的太空中存活。1988年，和平號空間站（Mir）的俄羅斯太空人就注意到，他們的鈦石英窗外有「東西」在生長，而且正在漸漸「啃穿」鈦石英。後來證實，這個「東西」就是一種真菌。[15]

就像植物一樣，大多數真菌也都採用「紮根在土壤當中」這種耗時的繁殖方式：它們利用菌絲體生長，或透過孢子飄散到新的棲息地。在渴望繁衍其DNA的動力下，有些真菌採取巧妙的策略，確保其孢子在新環境中得以繁殖。

擁有誘人香氣的美食佳餚黑松露（*Tuber melanosporum*）就是一個很好的例子。這種跟黃金一樣珍貴的真菌生長在地底下，隨著孢子成熟，其所散發出的香氣會吸引動物、松露獵人和來自世界各地的美食家。松露的孢子不易被消化，所以最終會安全通過有幸一飽口福者的消化道；在理想狀況下，孢子應已遠離原來被採集到松露的位置。

在地面上，圓形的巨型馬勃（*Calvatia gigantea*）子實體保護著數以百萬在內部熟成的孢子。有趣的是，只要戳一下成熟的馬勃，它就會噴出一股煙霧狀的孢子粉，讓風帶走飄散的孢子。

生長在糞便之中的水玉黴菌屬（*Pilobolus*）真菌，藉由分泌水分充滿泡囊增加壓力，最後像水槍一樣排射出泡囊頂部的孢子囊。有研究經計算發現，孢子囊能以至少20,000g（重力）的速率被噴射出去。相較之下，訓練有素的美國國家航空暨太空總署（NASA）太空人在太空船中穿著抗重力服（G-Suit）所承受的重力是3g，而子彈是以9,000g的加速度行進的。

還有能在黑暗中發光的真菌，光線會吸引昆蟲將它們的孢子散布到森林底層。例如，加德納臍菇（*Neonothopanus gardneri*，俗稱椰子花）就受到晝夜節律的調節，在夜間會發出明亮的光。[16] 所有這些演化而來的調整，都是為了確保繁殖能夠延續。

2. 爲菌絲找到一個家

當孢子落在一個溫度適中、靠近食物和水的地方時，它就會萌芽。孢子經由細胞壁吸收水分，並長出一種稱為菌絲的線狀管。當菌絲在營養基質上生長，就會分支出更多菌絲並形成一條細線。原本的菌絲繼續利用可能是木頭、昆蟲或土壤的基質，由尖端處長出更多菌絲。菌絲間開始融合相連，形成一個相互連接、被稱為菌絲體的物質。

每條菌絲的生長都結合了物理力量和化學策略。菌絲會分泌出作用相當於強力消化酸的酵素來分解物質。這個分泌酵素的作用，讓真菌能穿透最堅硬的基質：先將營養物質萃取出來，再經由菌絲體吸收。就像我們唾液中的酵素一樣，很快就可以將口中的麵包變成濕糊狀。

3. 數英里的菌絲體，也許再來一朵菇

菌絲體如同漣漪一般，從孢子萌芽之處輻射向外生長。附近有營養物質出現時，菌絲體就會以圓形的方式使其表面積最大化，朝營養來源方向生長。當一個區域的食物來源耗盡，菌絲體中心處的舊菌絲就會被自己消化掉。殘存在被消化舊菌絲當中的可用資源，則會被重新傳送到菌絲體最外圈，供生長正旺盛的菌絲所用。最後，菌絲體會長成一個廣大的空心環，也就是有時我們在草地上看見的「仙女環」。隨著資源被重新傳送到菌絲體生長的外緣，中心會逐漸消失，環的周長則逐漸增加。只要有養分和水，菌絲體就可以持續以這種方式不斷地生長下去。

在此階段，除了酵母菌以外的真菌就能由菌絲形成孢子，進行無性生殖。黴菌、銹病和粉狀黴菌等微型真菌總是以這種方式繁殖，例如麵包上所見的黴菌黑點就含有超過五萬個孢子。然而，屬於單細胞微型真菌的酵母菌，則採取不同於絲狀真菌的方式進行無性生殖。酵母菌利用分裂產生複製體進行無性生殖，雖然這種方法很有效率，但卻因此錯過了可以經由有性生殖確保遺傳多樣性的樂趣。[17]

除了透過無性生殖的方式繁殖，若環境條件惡劣（通常情況就是這樣），大型真菌也可以進行有性生殖。當兩個有性生殖相容的菌絲體相

遇，它們就會進行融合並形成更大的團塊。融合後已經具備遺傳多樣性的新菌絲體，等待著合適的環境條件到來，就會聚集它的菌絲、吸收水分膨脹，並形成被稱為原基（Primordium）的菇蕾。幾天後，原基逐漸伸長菌柄，將菌傘推出基質表面。最後，菌傘打開就變成了一個完全成熟的菇。菇類的顏色、質地和形狀會因種類而異。

根據菇類產生和釋放孢子的方式，可以將大型真菌分成兩群：一群是在封閉囊內產生孢子的子囊菌（Asomycota），另一群是從菌褶中形成並釋放孢子的擔子菌（Basidiomycota）。擔子菌的菌褶有一層菌膜保護，隨著菇的成熟，該菌膜就會剝落。

菇的本身可以說就是一個慶典，慶祝擁有數萬億待釋放新世代真菌（孢子）的出現。孢子將再次進入那已經持續循環數十億年的過程之中。自然不會多愁善感，所以慶典終將結束；菇類在完成產生孢子的工作之後，就會開始腐爛消失。它們已經達成自然所交付的任務，而且也不吝讓我們一窺正大自然發自內在的美。菇類的出現是真菌生命循環的最美麗時刻，也許因為這樣，菇類才會如此受到歡迎。

菇的本身可以說就是一個慶典，慶祝擁有數萬億待釋放新世代真菌（孢子）的出現。

1
2
3
4
5
6
7

菇類解剖學

左圖為典型擔子菌成員——毒蠅傘（*Amanita muscaria*）的解剖結構：

1. **菌帽**（菌傘）位於菇類結構頂部，看起來像一把為菌褶提供保護罩的傘。

2. **菌褶**（蕈褶）薄如紙質，是菌傘下的一個葉片結構，也是容納孢子之處。

3. **外菌膜**（Universal Veil）為包裹未成熟菇的組織膜，在菇的發育過程中提供保護作用。外菌膜會在菇成熟時裂開，並在菌傘上留下殘餘物，有時會在菌柄底部形成一個菌托（Volva）。

4. **菌膜**（Partial Veil）則是比外菌膜薄的組織膜。在菇類發育過程中，其覆蓋範圍從菌傘邊緣到菌柄處，主要功能是保護菌褶。一旦菇類成熟，部分菌膜就會脫落而露出當中的菌褶，並且在菌柄上部周圍留下一個環狀殘留物（環狀物或裙狀物）。

5. **菌柄**（Stipe），有時被稱為莖（Stem），用來撐起菌傘，讓菌褶中的孢子能輕易地釋放到風中。菌柄的底部則是外菌膜留下的菌托。

6. **孢子**是真菌的微觀繁殖細胞。許多真菌會將其釋放到空氣中，讓氣流將其帶離親代原生地，展開另一段真菌生命週期。

7. **菌絲體**為白色線狀細絲，由構成真菌營養部分的菌絲組成。

1.5

菌絲體智能

森林、草地和林地並非個別樹木相互競爭以求生存的地景。這些生態系統的形成已有數百萬年，當中的參與者具備交涉、合作、交易、竊取和妥協的能力，而且這些行為都是在沒有大腦的情況下進行的。真菌將所有這些能力串聯起來，其地下的菌絲體，則將森林編織成一個規模驚人的動態網路。

菌根關係，遠比真菌和植物之間的一對一夥伴關係複雜許多。數百個菌絲體可以附著在同一株植物上；反過來說，一個菌絲體可以附著在數百株植物上面。菌絲體非常細小，單是一湯匙的土壤就能容納數百公里長的菌絲體。森林般大的區域裡，菌絲體就像一條無止盡且忙碌的資訊高速公路，提供真菌和植物相互傳遞資源和化學訊號之用。

一棵樹產生的碳可以與其菌根夥伴和其他樹木共享的概念，已被普遍接受。這個概念由英屬哥倫比亞大學生態學家兼教授蘇珊・西馬爾（Suzanne Simard）提出，於1997年發表在《自然》雜誌的一篇論文當中[18]。該概念被稱為是「樹木的全球資訊網」（Wood Wide Web）。

今日，「樹木的全球資訊網」一詞用於描述協助傳遞資訊與營養的菌絲體高速公路，因為它們的功能類似森林的有機網際網路。網路內的植物可以轉移醣類、賀爾蒙、緊迫訊號和碳。西馬爾繪製大量森林中的菌根網絡，發現它們的結構類似大腦中的神經網絡和網際網路中的點線（Node Link）。最古老和最大的樹有最多菌根連接，這樣的樹被西馬爾稱為「母樹」。她認為樹木也是社交生物，藉由餵養幼苗和受傷或被遮蔭的樹木來警告其他樹注意外界攻擊，並在它們死前

左圖：菌根網路中的植物，可以與同一網路中的其他植物共享營養和資訊，也可以連接到多個網路。足證森林是活的且會對話。

右圖：菌絲網路的特寫，其由相互連接的菌絲物質組成。菌絲有一個植物細胞壁那麼厚，寬約為 0.2~5 微米（一根人類頭髮的寬度約為 50 微米）。

將自身養分轉移到鄰近植物，以支持這個網路的其餘部分。

並非所有科學家都同意真菌和樹木會遵循利他主義以及合作的運作方式。阿姆斯特丹自由大學（Vrije Universiteit in Amsterdam）演化生物學教授托比・基爾斯（Toby Kiers）博士認為「雙方都可能受益，但它們也在不斷努力，將自己可以得到的回報最大化」。[19]基爾斯的團隊以市場經濟學作比喻，其所發表的研究顯示，植物和真菌在自由市場原則下進行交易。[20]在一些實驗裡，真菌在菌絲體中囤積養分以減少供應，然後隨著植物需求的增加，真菌就會抬高相同營養素的價值。該團隊還發現，一些植物會劫持菌絲體網路並竊取生存所需的能量。一種被稱為幽靈花或水晶蘭（*Monotropa uniflora*）的白色植物（其為半透明狀，且不再產生綠葉素來進行光合作用），就是這樣的情況。在基爾斯的研究當中，類似資本主義運作的真菌和植物，在操縱森林市場供需方面的能力與人類相似。[21]

真菌不以大腦或中樞神經系統的形式來處理智能，而是有一系列神經網路分布在整個菌絲體中，功能類似人類神經傳導物質的化學物質，可以經由這些網路傳播，並觸發已經編程在真菌DNA當中的反應。這種智能在許多方面，例如難以理解的程度、複雜性和連結性等，都媲美人腦。真菌有感覺卻無思想、有經驗卻無認知。我們就身處於真菌所建構的世界當中。

地下菌絲體將森林編織成為一個規模驚人的動態網路。

真菌分類

湯姆·梅博士
Dr Tom May

菇類、馬勃菌、多孔菌、珊瑚真菌、黴菌、粉狀黴菌、酵母菌、銹菌以及蟲草……這些都只是真菌成員展示的一些外表形式。為了理出真菌的驚人多樣性，我們利用一般常用法則將其做分類。生物分類的基本單位是「種」，而一個物種的名稱是將「屬名」和「物種特徵的修飾詞」配對而成的二名法。以毒蠅鵝膏菌（*Amanita muscaria*，又稱毒蠅傘）為例，屬名是「鵝膏菌屬」（*Amanita*），種名則是「與蒼蠅有關」（*muscaria*）。

每個物種都被放置在分類的階級當中，從屬到科、目、綱、門和界。可以使用前綴「亞」（Sub-）和「超」（Super-）插入更多等級：亞綱（Subclass）位於「目」和「綱」之間，而超綱（Superclass）位於「亞綱」和「界」之間。

毒蠅傘屬於擔子菌門（*Basidiomycota*）傘菌綱（*Agaricomycetes*）當中的傘菌目（*Agaricales*）鵝膏菌科（*Amanitaceae*）。

釀酒酵母菌（*Saccharomyces cerevisiae*，又稱啤酒酵母）屬於子囊菌門（*Ascomycota*）酵母菌綱（*Saccharomycetes*）酵母菌目（*Saccharomycetales*）中的酵母菌科（*Saccharomycetaceae*）。

類別	毒蠅傘	釀酒酵母
界	真菌	真菌
門	擔子菌	子囊菌
綱	傘菌綱	酵母菌綱
目	傘菌目	酵母菌目
科	鵝膏菌科	酵母菌科
屬	鵝膏菌屬	酵母菌屬
物種特徵	與蒼蠅有關	啤酒

維多利亞皇家植物園首席真菌學研究科學家，過去三十年裡不斷跟隨心中對真菌的熱情，並從事收集、研究、出版和推廣工作。他一直積極參與在地和國際的保育、命名以及分類倡議，包括目前在國際真菌分類委員會和真菌命名委員會擔任的職務。湯姆在創建公民科學組織「真菌地圖」（Fungimap）方面所擔任的角色，讓他獲得2014年澳洲自然歷史獎章。

如果將生命分類想像成一個巨大的圖書館，其中每本書就相當於一個物種。圖書分布在不同的樓層（門），每個樓層都有單獨的房間（綱），直到你來到單獨的書架（屬）前，物種就排列在那裡。有的書架種類很多，有的種類很少，但每個種類在整個系統中都有自己的一席之地。

生物分類旨在有條理地組織自然界中的生命，以反映他們之間的演化關係。同一「屬」內物種比不同「屬」內物種親緣關係更近。從不同角度來看，一個「屬」內所有物種演化上的共同祖先，會比同一「科」中所有物種共同祖先晚出現。而同一「目」中所有物種共同祖先的演化時間就會更古老，依此類推。真菌學家預估真菌有數百萬種，因此要追踪它們親緣關係，就需將它們全部歸類。

將物種分類也可以讓鑑定工作變得更容易。知道菇類屬於哪個「屬」，可以縮小它可能符合的物種數量範圍。分類也具有預測能力。若你想要一本關於特定主題的書，透過圖書館的書架尋找，會比搜索整個圖書館要快得多。如果你發現一個有著有趣特性的物種，例如會產生某種可應用在工業或醫學上的化學物，那麼其他親緣關係相近的物種，就是尋找可能出現細微變化、具有更強生產能力的候選者的好地方。

在構建分類時，必須面對兩件事。首先，需要發現、區隔和命名物種；其次，必須將該物種置於總體分類當中。物種界定（Species Delimitation），指的是將一個新穎的或新的物種，與其親緣關係接近的物種作仔細比較，確認其不同之處以及其所代表的獨立演化單位。

特徵相似的物種會被歸類成一群，並被放置在整體分類當中，但鑑別特徵所用的工具亦隨時代演變。最初的分類，是以肉眼很容易見到的真菌外觀特徵為依據，例如形狀、大小和顏色。從十九世紀中葉開始，在高倍率放大下可見的微觀特徵，例如孢子的表面特徵，就被整合在一起作為鑑別特徵的要件。大約從二十一世紀初開始，DNA序列資訊成為真菌分類的最重要依據。被用於鑑別的其他特徵還包括化學和生態資訊，例如它們是否為共生生物的宿主。理想情況下，鑑別需要使用來自好幾個不同來源的證據資訊，才能達成。

以DNA來說，最初使用小部分片段資訊來重建生命之樹，如今越來越多分類分析是來自整個基因組（生物體中DNA的總和）的資訊。DNA是一個包含整個生物體建構指南的藍圖。有時，兩種不同真菌的外觀看起來相似，但微觀特徵（例如：孢子）卻可能有很大的差異，而且細胞層面的特徵也可能根本不同。因此，藉由分析DNA序列，我們可以進入生物體的基本建構指南當中，直接作出判別。這個方式對於常發生平行演化（Parallel Evolution）[22]的真菌來說特別有用，因為平行演化會使完全不相關的物種具有相同的外部特徵，例如有菌褶的真菌（菇類）並非一脈相傳，而是獨立演化自不同的「目」。

來自DNA序列的資訊整合，持續改寫著各層級的真菌分類。「門」正不斷增加，最近的一些分類中就新增了十幾個，且所有級別都在不斷重新排列（令人沮喪，但又令人興奮），即使是常見和久負盛名的物種也是如此。但另一方面，這些名稱變化，反映了我們對生命之樹以及真菌特徵如何演化的更進一步理解。

目前有許多真菌物種，僅能從土壤或水樣本中取得的小DNA片段中得知身世。如果取得的DNA排序非常不同，就代表新物種的出現，甚至可能是一個新的「門」分類，可惜沒有生理標本可以繼續深入研究。這些真菌「暗分類群」的存在，是隱喻自宇宙「暗物質」的命名，這對真菌學家來說是一個挑戰，因為目前的命名法則規定，需要有生理標本為依據才能往下進行。如何處理那些僅透過DNA序列而得出的生物命名？關於這個，目前存在著激烈的爭論。無論出現哪種解決方案，收集和分類暗分類群還是非常重要，因為這樣它們才能得到有效的保育和利用。至少有一件事是肯定的：真菌學家在很長一段時間內，都不會失業！

FOOD

食物

FOOD

世界上最廣泛種植的菇類是雙孢蘑菇（*Agaricus bisporus*，俗稱洋菇）。白鈕扣菇、栗子菇、波多貝羅、瑞士棕菇、小褐菇等，指的都是雙孢蘑菇。會有這麼多稱呼，是因為在不同成熟度階段採收的雙孢蘑菇，會以不同的名稱銷售。

真菌可以餵飽我們

人類是唯一學會烹飪的動物。烹飪利用化學反應，將原料轉化為豐富的感官享受。對大多數人來說，食物不只是營養品，也構成我們社會的結構；享用美食的同時，我們圍著一張桌子慶祝，並分享彼此的文化。牛排的滋滋作響、一碗熱氣騰騰的味噌湯、七道菜的品嚐……這些都是文化的成就。食物的研究不僅說明一個地區的社會狀況，也展示了它的環境、價值觀和信仰。

自古以來，真菌就被人們當作健康且營養豐富的食物來源。全球各社群長期採集菇類作為食物，或藉由銷售野生採集的菇類養活自己。最近，人們開始使用有機廢棄物或適合初學者的種植工具在家中養菇。我們越漸意識到自己的健康，以及菇類在增強免疫系統方面的作用，而這種自給自足還提高了社群在社會和經濟危機期間的復原力量。

微型真菌也努力地為我們提供更有營養和更美味的食物。這些真菌無法用肉眼看到，卻存在在我們最喜歡的一些食物當中，例如乳酪、葡萄酒和啤酒的生產與發酵過程，真菌就發揮著關鍵作用。[23]

2.1

微型真菌食物生產應用

微型真菌是微觀代謝的行家，它們消耗和轉化一系列有機物的能力，是發酵和現代生物技術等許多食品生產過程的基礎。用於食品生產的微型真菌，包括單細胞酵母菌和多細胞黴菌。

發酵

大約一萬年前，狩獵採集者開始進行農耕並學習馴化糧作、植物和動物，成為人類歷史上最早的農民。食物的保存是農耕開始後隨之而來的挑戰……如何確保冬季和乾旱期間的穩定食物供應呢？答案就是發酵。發酵就是將食品的美味和營養保存下來的關鍵，而發酵的關鍵，就是真菌。

發酵是利用酵母菌、黴菌或細菌等微生物來分解有機物，也就是讓食物在可控的方式下「變質」。許多我們最喜歡的食物，都是透過真菌這個主要分解者控制成分腐敗程度所製，例如牛奶變成乳酪、加入酵母菌的麵糰發酵成麵包，以及穀物分解成酒精。一般社會觀念認為死亡就是悲劇，然而相反地，死亡實則賦予生命豐富的色彩。雖然真菌會讓食物腐敗，但它們也會為食物注入味道濃郁的新生命，就像泡菜、義大利臘腸和番茄醬的出現一樣。不僅是美味，真菌與細菌的培養可以說也創造了食物的文化。發酵使食物更容易消化、更健康且更美味，甚至可以增加食物中更容易被人體吸收的維他命和礦物質。

利用酵母菌啟動物質分解產生的酒精，是最早的發酵物之一。早在科學原理被理解前，發酵產生酒精的自然過程就已被應用且行之有年。

最早狩獵採集者釀造啤酒時，所需要的只是一些富含糖類的熟水果、野生酵母菌（其孢子在空氣中無處不在）和一點時間。酵母菌會消耗糖類（葡萄糖）並產生酒精和氣體（乙醇和二氧化碳）等副產品。對科學有進一步興趣、想深入瞭解的人，這裡提供化學反應式：

$C_6H_{12}O_6$（葡萄糖）→ 2 C_2H_5OH（乙醇）+ 2 CO_2（二氧化碳）

這個發酵過程將原本的水果完全改變。酒精液體變成氣泡狀，且產生的混合物、氣味和味道也有了巨大改變。由於適度的酒精可以帶來心情上的愉悅感，怪不得古希臘人將這種神奇的轉變歸功於富饒和葡萄酒之神（以及發酵之神）戴奧尼索斯（Dionysus）的神力。

除了產生酒精，這個發酵過程還會產生有助於提高能量、改善大腦功能並促進細胞健康的維他命B1、B2和B3等必需營養素。啤酒因此成了早期文明餐桌上的主角，時至今日，像是康普茶（Kombucha）、優格和克菲爾（Kefir）這一類發酵飲品，也具有同樣的健康功能。

在中國賈湖遺址發現的證據證實，早在九千年前，農民就會刻意將稻米、水果和蜂蜜放進陶罐中混合發酵。[24] 同樣地，七千四百年前，住在波斯地區（今伊朗）的人會利用發酵來生產葡萄酒。[25] 酒精飲料的個別發明，幾乎遍及世界各洲。

真菌就是名符其實的大自然煉金術士，舉凡蘋果、樹液、可可、玉米、漿果、稻米、蕃薯和鳳梨等，幾乎所有含糖或澱粉的植物，都可以被用來發酵成酒精。可見，早期文明對酒精的渴望，與大氣中的真菌孢子一樣普遍。

要發現肉眼不可見的酵母菌，並不像識別食譜中的食材那樣簡單。直到十九世紀發明顯微鏡之後，科學家才有辦法觀察發酵過程的進行，並確認負責作用的微生物。在此之前，沒有人知道發酵過程中產生的酒精和二氧化碳，是由一種名為酵母菌的微小單細胞真菌所造成的結果。我們終於可以感謝那個無處不在的啤酒酵母（釀酒酵母），因為它們努力分解糖類，才有了我們最喜歡的飲品。

至於麵包，在發酵還沒有應用到這類穀類主食之前，我們也只有薄麵餅可以吃。由於發酵過程中產生的二氧化碳在麵糰中形成氣泡，所以用酵母菌製作的麵包是會膨脹的。這些氣穴容納麵包的香氣化合物，並在食用時引發嗅覺上的愉悅感。這就是為什麼，麵包一直是早期人類文

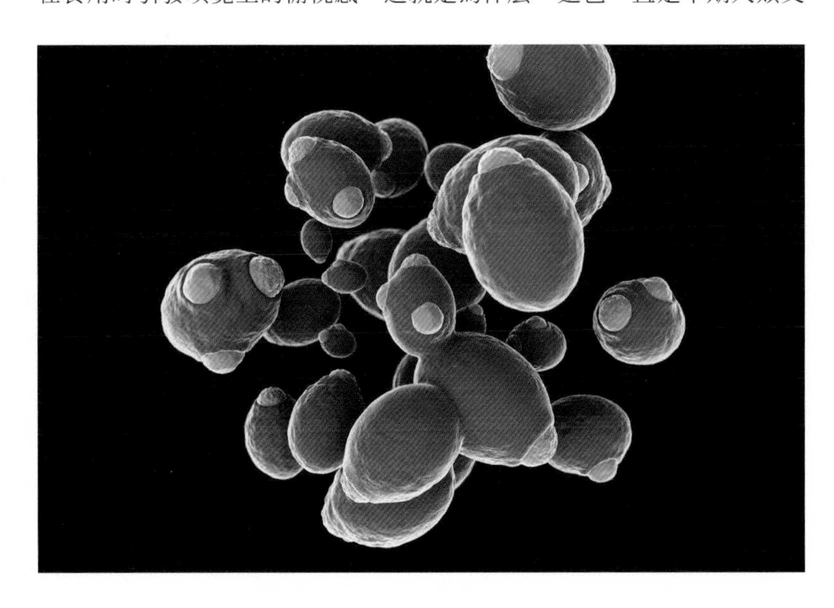

左圖：著名的酵母菌「釀酒酵母」，或稱為啤酒酵母。較小的黃色球體是複製體，最終會分裂成新的酵母菌細胞。

明形成的核心，也一直是各文化的主食。

除了酵母菌，我們也要感謝有相同發酵作用的多細胞生物，例如黴菌。洛克福耳青黴（*Penicillium roqueforti*）長滿整個藍色洛克福耳羊乳乾酪，產生濃郁的風味和香氣。卡門伯特青黴菌（*Penicillium camemberti*）在布里乾酪（Brie）和卡門伯特乾酪（Camembert）的表面生長，產生柔軟的奶油質地。具多樣化功能的青黴菌，則提供了抗生素和避孕藥。

黴菌也在東方世界留下了自己的印記，尤其在溫暖、潮濕和多雨氣候中，長著白色又毛茸茸菌落的麴菌（*Aspergillus*），其在日本和中國食物演化中扮演重要角色。提到黴菌，你可能會產生厭惡感而避之唯恐不及，但在退避三舍前，想想味噌、醬油、米酒和米醋……這些賦予亞洲美食爆炸性風味基礎的調味料，其實都由黴菌發酵製作得。

以醬油為例，東亞人的食品儲藏櫃一定少不了這瓶鮮味精華。醬油起源於公元200年的中國，是利用大豆、小麥或大麥粉混合為基質並接種米麴菌（*Aspergillus oryzae*，在日本通常稱為「こうじ」，中國則為「麴」）製。當黴菌開始消耗基質的時候添加鹽和水，並將混合物發酵六個月，之後從基質中壓榨出的液體就是醬油。

傳統的醬油生產過程，會以大桶子裝滿選定的基質，然後接種黴菌。隨後這個大桶子會被靜置在陽光下，接下來就交給大自然來完成後續的程序，也就是熱量和時間，讓黴菌發酵基質。在此過程中會產生被稱為麩氨酸（Glutamate）的氨基酸，當麩氨酸與鈉結合時，會產生俗稱味精的麩氨酸鈉。大多數調味品都有添加味精，因為味精賦予調味品一種令人愉悅的不同鹹味，也被稱為鮮味，是與甜、鹹、酸、苦並列的第五種刺激我們味蕾的味道。今日，高品質醬油的生產程序並沒有太大變化，唯一的改變就是把陽光換成了恆溫室。

下圖：製作藍紋乾酪所使用的洛克福耳青黴。

在西方世界裡，使用麴菌製作的發酵物並不常見。十八世紀時，由於其天然麩氨酸含量和可取得性，歐洲人利用雙孢蘑菇來製作醬油。義大利臘腸和火腿等種類繁多的肉類，都是經過手工醃製、乾燥和使用黴菌與細菌發酵的方法製作而成。根據時間、溫度和酸度進行調節，醃製香腸通常接種青黴菌，尤其是納地青黴（*Penicillium nalgiovense*），它可以保護肉類免受競爭性微生物的侵害，並帶來濃郁風味。

是時候改變我們對黴菌的印象了。黴菌不只是公寓裡和腐爛水果上的危險事物，更是世界各地飲食中美味和營養發酵的關鍵。

生物技術

長久以來，人類與真菌間所建立的發酵關係，為現代生物技術奠定基礎。我們學會將真菌的力量工業化，以創造日常生活中具有重要商業意義的產品，例如加工食品、藥品、清潔劑、紡織品以及最近用於生質燃料的酒精生產。現代生活對真菌生物技術的依賴程度遠超想像，舉凡巧克力和咖啡，都要使用酵母菌來進行工業發酵。

1920年代，黑麴黴的發現開啟了食品生產的新紀元。這種真菌可以利用不同類型的糖作為基質，在控制發酵過程下，生產大量用來延長食品保存期限並改善風味和質地的檸檬酸。農業工程師卡羅伊・埃雷基（Károly Ereky）在輝瑞公司（Pfizer）將檸檬酸商業化用於食品、藥品和化學工業後，創造出「生物技術」一詞。[26] 即使經過一個世紀，檸檬酸仍利用黑麴黴生產。這個不起眼的真菌支撐著價值數十億美元、為糖果和無酒精飲料等食品調味和保鮮的市場。[27] 其他真菌還可以透過發酵產生大量對食品加工有價值的化合物，例如防腐劑、蛋白質、維他命、脂肪和油。

真菌具分泌酵素和代謝多種有機物等天賦，推動了生物技術的創新。酵素加速化學反應的作用在工業生產中更顯重要，因為它讓原本需要高溫和刺激性化學品才能進行的反應過程，得以在更溫和、更節能的條件下實現。工業製造所用的酵素中，有近三分之二來自真菌。想想，有多達六百萬種且大部分尚未被發現的真菌存在，這讓我們有足夠理由相信，目前仍有許多使工業過程變得更友善地球的方法，留待發掘。

下圖：黑麴黴的輻射狀生長。

2.2

以菌絲體作為食物

人類應用發酵已有很長一段歷史，也產生許多令人驚訝的結果，其中一個令人愉快的意外之作就是天貝（Tempeh）。天貝是1800年代初起源於印尼的一種素食主食[28]。歷史學家經考究認為，天貝是無意間產生的食物，很可能是在試圖將大豆隔夜保存免受熱影響時被發現的。[29] 在保存大豆的過程中，少孢根黴菌（*Rhizopus oligosporus*）的孢子落到大豆上，引起發酵過程並形成天貝的緻密餅狀物。少孢根黴菌將大豆或其豆類基質結合在一起，形成100%可食用又富含蛋白質、礦物質和維他命的網狀棉質菌絲體。

諾馬餐廳（Noma）前發酵負責人大衛・齊爾伯（David Zilber）將天貝帶往新的境界。素食運動的推動，讓世界各地的廚師都在嘗試使用肉類替代品來複製漢堡中的牛肉餅。齊爾伯開發出一種由藜麥製成的天貝，作法是將藜麥穀物接種菌絲體，並在露天下發酵以降低水分含量，只留下足以在烹飪時保持多汁的水分，最後在天貝上塗抹一層諾馬餐廳以真菌發酵自製的酵母魚醬和蠶豆醬油，就大功告成了。這款漢堡被品評專家譽為「最佳素食漢堡」。齊爾伯對此評論：「三種真菌和一種穀物，證明也許只要掌握一點技巧，好的烹飪就可以幫助拯救和養活一個需要療癒的世界」。[30]

是什麼讓天貝富含營養？又為什麼，它會成為一種神奇的食物？天貝不僅含有飲食中的一些基本成分，也就是蛋白質、碳水化合物和來自大豆的脂肪，其中的菌絲體，更提供類似於菇類的益處：富含全部九種人體無法合成的必需氨基酸、纖維、維他命和礦物質，熱量低且不含膽固醇。天貝的例子讓我們瞭解到，不僅菇類可以吃，菌絲也是可以吃的。最棒的是，一些真菌菌絲體與肉的質地非常相似，成為素食饕客餐盤裡的熱門選擇。

溫斯頓・丘吉爾（Winston Churchill）1931年發表的文章〈五十年後〉（Fifty Years Hence）裡，他預測「將發展出新的微生物菌株，並為我們量產化學物」，並總結道「當然，未來也將會使用合成食品」。[31]現在看來，丘吉爾的說法完全正確。1985年，馬洛食品（Marlow Foods）推出闊恩素肉（Quorn），這是一種以真菌菌絲體製成的素食派餅產品系列，品牌名稱為「真菌蛋白」（Mycoprotein）。「真菌蛋白」的商業成功歸功於鑲片鐮孢菌（*Fusarium venenatum*），其能迅速將澱粉轉化為高含量的蛋白質。該公司對這種生產工藝的專利已在2010年過期，所以其他有興趣的廠商可以進入生產真菌蛋白的領域了。然而，如今闊恩素肉在超市中仍隨處可見，且提供越來越多的無動物肉類和大豆成分所製造的禽肉、牛肉和魚肉。

艾本・拜耳（Eben Bayer）和蓋文・金泰爾（Gavin McIntyre）於2007年創立生態創新生物技術公司（Ecovative），正利用真菌製造用於包裝、紡織品和肉類替代品的菌絲體材料。他們最新的獨創觀念是「最終食品」（Atlast Food），也就是控制溫度、氣流、二氧化碳供應和濕度，藉以促使菌絲體的纖維組織長成各種形狀的合成肉。這個複雜過程也是一種發酵形式，使菌絲體在十天內就能形成具有不同質地、強度和纖維的成分，口感類似於動物肉。

菌絲體肉的開發，是希望能減輕畜牧業對地球造成的負擔。「最終食品」的生產設施由垂直農業基礎設施組成，與傳統肉類生產相比，土地需求少了十倍、產生的二氧化碳也降低許多。「最終食品」的第一個產品「菌絲體培根」，其用水量就比傳統豬肉生產少了一百倍。

生物技術的進步使該工業能找到可行的解決方案，為未來創造永續的食物來源。如果可以使用更少的資源，且對自然造成更少的傷害來人工種植食物，就不必再從大自然中做擷取。當時拜耳對所有等待菌絲體肉的人們說，希望三年內就能實現全球供應。[32] 菌絲體革命即將到來。

六種超市常見菇類

2.3

以大型真菌作為食物

大型真菌的拉丁語Macrofungi意為「大真菌」，指該類真菌的子實體（菇）不僅容易演化到視覺上獨一無二，還營養豐富、美味可口。不久前，菇類在西方文化中的公眾形象僅限於披薩上的切片裝飾品、酒吧牛排的醬汁或罐頭湯品，再加上營養價值鮮為人知，所以被當作是蔬菜食品雜貨店走道外圍的陳列貨品，極易被忽視。

現在我們瞭解到，菇類屬於一個獨特的食物王國：既不是植物，也不是動物產品。每種菇類都有不同的營養成分，但依照乾重計算，它們的蛋白質含量都在20~40%之間，且富含營養素。不起眼的菇類實際上是一種理想的食物，它不含膽固醇、鈉、麩質，而且低脂、低糖、低卡路里，是必需維他命和礦物質的極佳來源。[33]它們也含有複合碳水化合物，與植物一樣富含膳食纖維，可以說是真正的全方位食品。

與洋菇相比，其他美味的菇具有更獨特和複雜的風味。一旦越來越多種菇類被餐廳主廚們選作烹煮餐點之用，可供家庭烹煮使用的菇類也就會越來越多元，特別是蠔菇、杏鮑菇、鴻喜菇和金針菇這些已被大量種植和銷售的品種。

你不太可能會在超市貨架上看到白松露（*Tuber magnatum*）和松茸（*Tricholoma matsutake*）等美食佳餚，因為它們尚未被商業大量種植。農民和科學家們數十年來一直努力嘗試人工種植這些高價菇類，但收效甚微。這些菇類會與特定樹種形成菌根關係，因此很難人工複製它們理想的生長環境。

產量的不可預測性和稀有性，造就了世界上最昂貴的菇類，也就是優雅的歐洲白松露，其價格達到每公斤四千五百至七千五百美元。氣候變化、乾旱、森林砍伐和枯竭式採集，導致它們的自然棲息地消失，進而產量減少。

黃色的羊肚菌（*Morchella esculenta*）和雞油菌（*Cantharellus cibarius*）是經濟實惠又常見於北半球的野生菇類，產季一到，便常見於在地農貿市場當中。

美國城市農場跨技術公司小農（Smallhold）賦予了「在地」一個新的含義，也就是在食品雜貨店內設立「迷你菇類養殖場」。他們想藉由提供可讓菇類生長的環控機器，來解決外來品種在市場上稀少的問題。住在德州和紐約州的居民，現在可以從當地藥局買到新鮮的猴頭菇（*Hericium erinaceus*）和舞菇（*Grifola frondosa*）。

如果想嘗試乾燥的不同菇類舶來品，可以前往亞洲超市購買真空密封裝袋的木耳（*Auricularia auricula-judae*）、銀耳（*Tremella fuciformis*）或香菇（*Lentinula edodes*）。買回家後，只要將它們泡水成三倍大，就能加到湯裡或炒來吃，也可在任何菜餚中以其代替肉類。

素食運動的順利推動，讓菇類取代在漢堡、牛排、炸玉米餅和餃子等經典食品中肉類成分的主要材料。菇是由一層層厚實的菌絲所組成，所以菌絲纏繞得越多，質地就會越有嚼勁、堅韌和具有肉質感。

澳洲寓言食品公司（Fable）使用菇類作為素肉替代品的主要成分，其中一個食譜就是以香菇和一系列全天然成分製作類似手撕豬肉絲、紅燒牛肉和牛腩的食物，且所有產品皆以最少加工完成。該公司由農場採購那些不符合超市標準、即將被農場丟棄的香菇格外品作為原料，因此解決了食物浪費和素食替代品過度加工這兩個主要問題。他們的產品在澳洲超市有販售，甚至供應給赫斯頓・布魯門索（Heston Blumenthal）餐廳。

英國非營利組織純素一月（Veganuary）會在每年一月進行為期三十一天的保證茹素活動，意在提升人們對素食益處的認識。大型食品連鎖商店每年也都會使用真菌推出純素菜單。受歡迎的英國連鎖店哇尬媽媽（Wagamama）亦推出菜單項目，例如用蠔菇製成的辣椒「魷魚」以及用香菇和麵筋（富含蛋白質的小麥麩質）製成的無鴨丼飯。

除了味道和質地，菇類的營養特性使其與羽衣甘藍、藜麥和螺旋藻一起躋身超級食品行列。大多數肉類替代品，例如素香腸，雖然味道鮮美且可作為茹素的過渡性食品，但尚未被精製成真正的健康食品。

一份100公克的新鮮菇類含有31大卡熱量、4公克碳水化合物、3公克蛋白質，且幾乎不含脂肪。同一份食物含有以下微量營養素：36%推薦膳食攝取量（RDI）的硒（有助免疫系統並防止細胞受損）[34]、14% RDI的鉀（有助調節神經系統）[35]、13% RDI的磷（滿足細胞和骨骼健康所需）[36]、9%RDI的葉酸（維持紅血球健康）[37]，以及6%RDI的鋅（有助免疫系統）[38]。

菇類提供主要存在於肉類產品中的營養素，例如氨基酸、鐵、維他命B12和維他命D。對茹素的人來說，其提供了本就需要補充的營養素。

人類營養的另一個組成部分是蛋白質。食用菇類為高品質的蛋白質來源，與動物蛋白相比，其生產投入少且能量消耗更低，同時含有所有九種必需氨基酸，可以提供完整的蛋白質攝取。蠔菇和洋菇的蛋白質含量最高，每100公克約有的7%RDI。

在消費者尋求健康肉類替代品的意識不斷增強下，菇類成了當紅炸子雞，且食用菇類對地球本身以及自然界的動物來說更友善。現在，世界各地的人們更關心自己吃的是什麼，以及它是如何被生產和銷售的。不管怎麼看，肉類生產都屬於資源密集型的工業，與植物性食品和菇類生產相比用掉更多的水和土地資源，同時排放的溫室氣體占全球溫室氣體排放量的近五分之一，這個量比整個運輸行業加起來都還要多。[39]如果我們真要選擇吃肉，就該知道肉品在到達餐桌前的生產履歷。

有機食品、在地農貿市場和手工食品正慢慢改變我們的飲食文化，食品定價也開始反映出環境成本。相信很快地，食物的碳足跡將與其卡路里資訊一起被標示在產品上，讓購買者可以瞭解產品對生態的影響。菇類讓餐盤上的食物更多樣化，以減輕肉類和奶製品工業對環境造成的壓力，並在享用餐點的同時滋養身體。真正的轉變來自個人選擇，現在就用你的叉子、筷子或手指，讓菇類進入主流食品當中，營造一個更健康的你，並許地球一個更健康的未來。

不起眼的菇類實際上是一種理想的食物。它不含膽固醇、鈉、麩質，而且低脂、低糖、低卡路里，是必需維他命和礦物質的極佳來源。

如何自製維他命D營養補充品？

維他命D對於保持骨骼、牙齒和肌肉健康來說相當重要。《澳洲醫學雜誌》（*The Medical Journal of Australia*）建議，如果無法曬太陽，那每天至少要補充400IU[40]的維他命D。對於照射陽光不足的人來說，菇類是唯一天然、非動物性的維他命D來源。只要將菇類暴露在陽光下就可以產生維他命D[41]，這是在家裡就可以辦到的工作。

把菇類放在窗臺上讓菌褶朝向陽光，放置15分鐘後再烹調，這樣的簡單步驟即可將菇類變成維他命D的絕佳來源。僅84公克新鮮、暴露於紫外線的洋菇，就含有超過600IU的維他命D，且與維他命D營養補充品一樣容易被身體吸收。[42]

2.4

菇類採集

在新冠肺炎（COVID-19）大流行後，馬斯洛「需求層次理論」裡的食品與安全在眾目睽睽下被抽離出來，變成後疫情時代最重要的兩個元素。對食物的焦慮點燃人們大腦中所有生存意志，於是大家開始恐慌性地購買，讓原本就已經脆弱、易受攻擊的現代糧食系統更岌岌可危。

值得慶幸的是，我們的祖先以前就經歷過這一切，留下來的經驗值得借鏡。菇類採集的興趣在艱難時期達到顛峰，這反映了人類本能上對未來產生的恐懼。[43]無論是否有意，我們意識到需要找回擁有食物的主導權，循著古老能力的引導來找尋、準備我們自己的食物，如此才能應付食物短缺所產生的焦慮。我們看見越來越多人以城市採集者的身分對野生菇類有了新的品味，進而找到安全感並與大自然建立起連結。這並不是說菇類採集將成為主要的生存方式，而是找回重新獲得自給自足能力的安全感。此外，菇類採集的快感就足以讓任何人不斷回歸嘗試。

在這個數位時代，菇類採集是讓我們能與自然重新連結的獨特活動。我們早已遺忘，身體和本能，就是遺傳自世世代代與自然和諧相處的菇類採集者。走出現代牢籠、進入大自然從而獲得的心理和心靈滋養不容小不容小覷。森林和其他自然空間提醒著我們，這裡還存在另一個宇宙，且和那些由金錢、商業、政治與媒體統治的宇宙同樣重要（或更重要）。

只有願意撥開遮蓋的落葉並專注尋找，才能體認到菇類的多樣性和廣泛分布。一趟森林之旅能讓人與廣大的生態系統重新建立連結，另一方面也提醒我們，自己永遠屬於生命之網的一部分，從未被排除在外。腐爛的樹幹不再讓人看了難受，而是一個充滿機遇的地方：多孔菌（Bracket Fungi）——這個外觀看起來像貨架的木材分解者，就在腐爛的樹幹上茁壯成長，規模雖小卻很常見。此外，枯葉中、倒下的樹上、草地裡或牛糞上，也都是菇類生長的地方。

菇類採集是一種社會的「反學習」（遺忘先前所學）。你不是被動地吸收資訊，而是主動且專注地在森林的每個角落尋找真菌。不過度採集、只拿自身所需，把剩下的留給別人。你不再感覺遲鈍，而是磨練出注意的技巧，只注意菇類、泥土的香氣，以及醒目的形狀、質地和顏色。菇類採集喚醒身體的感官感受，讓心靈與身體重新建立連結。這是一種可以從中瞭解自然世界的感人冥想，每次的發現都振奮人心，運氣好的話還可以帶一些免費、美味又營養的食物回家。祝您採集愉快。

計畫

菇類採集就像在生活中摸索一樣，很難照既定計畫執行，而且以前的經歷完全派不上用場。最好的方法就是放棄「非採集到什麼不可」的念頭，持開放心態走出戶外執行這項工作。菇類採集不僅是享受找到菇的滿足感，更重要的是體驗走過鬆脆的樹葉、聞著森林潮濕的有機氣味，並與手持手杖和柳條筐的友善採菇人相遇的過程。你很快就會明白為什麼真菌會有「神秘的生物界」的稱號。真菌無所不在但又難以捉摸，採集過程幾乎就像玩捉迷藏，只不過你根本不確定自己在找什麼，甚至根本不知道要找的東西是否存在。但還是要有信心，只要循著樹木走、翻動一下原木、看看有落葉的地方，這個過程就會為你指路。一點點的計畫，將大大增加你獲得健康收益的機會。所以，讓我們開始吧。

去哪裡找？

林地和草原，是你將開始探索的兩個主要所在。林地底層提供真菌所需的有機物質，也為樹木提供菌根關係。橡樹、松樹、山毛櫸和白樺樹都是長期的菌根夥伴，所以循著樹種，就離找到目標菇類更近了。草原上也會有大量菇類，但由於這裡的樹木多樣性和環境條件不足，所以菇類種類會比林地少許多。如果這些地點選項對你來說都太遠了，那麼可以試著在自家花園或在地公園綠地當中尋找看看。這些也都是尋菇的好地方。

澳洲可以說是真菌天堂。與其他大陸隔絕的歷史、不斷變化的氣候以及營養豐富的森林，讓澳洲真菌擁有廣大的多樣性。澳洲新南威爾斯州（New South Wales）的奧伯倫（Oberon）就有一座超過四萬公頃的松樹林，是採集菇類的最佳地點之一。在那裡，有廣受歡迎的可食用菌松乳菇（又稱紅松菌），據說這種真菌的菌絲體附著在一棵歐洲進口樹的根部，而意外被引進澳洲。1821年，英國真菌學家塞繆爾・弗里德里克・格雷（Samuel Frederick Gray）將這種胡蘿蔔色的菇命名為美味乳菇（*Lactarius deliciosus*），這的確名符其實，因為「Deliciosus」在拉丁語中意為「美味」。如果想要在奧伯倫找到這些菇類，秋天時就要開始計劃，在隔年二月下旬至五月的產季到訪。

在英國，漢普郡的新森林國家公園（Hampshire's New Forest）距離倫敦有九十分鐘的火車車程。它由林地和草原組成，當中有種類繁多的植物群、動物群和真菌可供遊客觀賞，甚至還有野生馬匹在園區裡四處遊蕩。這片森林擁有兩千五百多種真菌，其中包括會散發惡臭的臭角菌（*Phallus impudicus*），它的外觀和結構就如圖鑑中描述般，與男性生殖器相似且不常見。還有喜好生長於橡樹上，外觀像架子一樣層層堆疊的硫色絢孔菌（*Laetiporus sulphureus*，又稱林中雞）。該國家公園不允許遊客採收這裡的菇，所以請把時間花在搜尋、鑑別與欣賞真菌上。如果幸運的話，該地區可能會有採集團體可以加入，但能做的也僅限於採集圖像鑑別菇類，而非採集食用。

甚至紐約市的中央公園也有採集菇類的可能性。雖然在1850年代公園建造之時並未刻意引進菇類物種，但這個占地八百四十英畝的公園現已登錄了四百多種菇類，足以證明真菌孢子的影響之深遠。加里・林科夫（Gary Lincoff）是一位自學成才、被稱作「菇類吹笛人」[44]的真菌學家，他住在中央公園附近，並以紐約真菌學會的名義會定期舉辦菇類採集活動。林科夫是該學會的早期成員之一，該學會於1962年由前衛作曲家約翰・凱吉（John Cage）重新恢復運作。凱吉也是一位自學成才的業餘真菌學家，並靠自己的能力成為專家。

進行菇類採集時，找瞭解特定物種及其棲息地的在地專家結伴同行，總是有幫助的。如果你需要一個採集嚮導，求助於所在地的真菌學會會是一個正確方向。

何時去找？

在適當的環境條件下（例如溫度、光照、濕度和二氧化碳濃度），菌絲體全年皆可生長。某些物種對環境條件較敏感，但平均理想溫度介於15~24℃之間，通常是正要進入冬季或冬季剛過期間，因此秋季和春季會是為採集菇類作計畫的好季節。

當菌絲體從周圍吸收水分時，會產生一股破裂性的力量，讓細胞充滿水分並開始出菇。這就是菇類通常會出現在雨後和一年中最潮濕月份的原因。牢記這些條件，就可以引導你找到寶藏。但也要記得，因為菇類受溫度變化模式和降雨量的影響很大，所以每年採菇的旺季時間會略有不同。

枯葉中、倒下的樹上、草地裡或牛糞上，也都是菇類生長的地方。

工具、衣著與設備

個人安全是進行菇類採集時最重要的一環，而要維護自身安全，就必須從適當的準備開始。首先，一定要成對或成群出發採集菇類，千萬別單獨行動。再來，穿著舒適的衣服，例如長袖襯衫和長褲，以防止蚊蟲和蜱蟲叮咬；選擇明亮的衣服，則可以確保在你迷路或附近有獵人時能被人看到。舒適的登山靴，能讓你避免在泥濘地區滑倒。再次強調，請務必壓抑獨自出發的念頭，但如果不敵菇的召喚，也請確保自己帶著實體地圖、指南針和口哨，這些東西都能幫你找到回家的路。要為最壞的打算做足準備，建議事前學會所攜帶物品的使用方式。最後，也是最重要的一點：食用前請正確鑑別每種菇類，有疑問者絕不食用。

無論你在哪裡進行菇類採集，或想尋找哪種菇類，特定地區的菇類圖鑑總能派上用場。一本好的圖鑑會包含詳細資訊和數百種特定物種的圖像，而且應該便於攜帶。在評估有毒物種時，圖鑑上的資訊就是保障安全的無價之寶。

工具

折疊刀
重要

切斷菌柄基部並修剪任何菇體受損的區域

軟毛刷
重要

清理所採集菇類上頭的殘渣碎屑（專用蘑菇刀會有折疊刀，也會附有刷子）

野餐籃或網袋
重要

用來裝所採收的菇（籃子或袋子中的縫隙可以讓孢子從菇上掉下來，如此保育行為，能確保未來的更多產季）

當地圖鑑
推薦

作鑑別真菌之用（這是帶有圖像和描述的指南，亦提供有毒物種的線索供參考）

放大鏡
非必須

幫助你在鑑別真菌時看到更多細節

口袋筆記本和筆
非必須

為發現的真菌記下詳細資訊

蠟紙或紙袋
非必須

分裝所採集菇類，以保護樣本或方便鑑別

衣著

漁夫帽

遮陽用，需要時還可兼作裝菇容器

登山鞋

為了應付崎嶇潮濕的地形，應選擇穿起來舒適的包鞋

長褲

防止昆蟲和蜱蟲叮咬

長袖襯衫

防止昆蟲和蜱蟲叮咬

有口袋背心

放置你的採菇工具

防水外套

讓你在突然變壞的天氣中可以保持溫暖和乾燥

鮮豔的衣服

幫助你在迷路時引起注意

設備

指南針

導引方向用，請在出發前學習如何使用它

哨子

迷路時可引起注意

水和零食

讓你有體力長途跋涉

攝影器材

拍攝你所發現的真菌圖像

殺蟲劑／驅蟲劑

讓蜱蟲和蚊子遠離你

防曬乳

保護你避免曬傷

許可證

如果在政府的土地上採集菇類，需許可證才能合法採摘菇類（請查詢你所在的公園或森林服務處是否需要申請許可證）

鑑別可食用物種

長期以來，食用菇類的鑑定知識是傳承自前人「神農嚐百草」的結果。這些知識現在可以很方便地由圖鑑和鑑別圖表中獲得，而且還附有清晰、詳細的照片。

這本書不是要教你如何鑑別菇類，這部分就留給為鑑別菇類編寫圖鑑的專家就好。雖然沒有「正確」的學習方法，但使用圖鑑將有助熟悉所在地區的一些可食用物種，進而讓你對正在尋找的東西有一個印象。

菇類採集者間流傳著一句諺語：「所有菇類皆可食用，但有些只能吃一次。」一旦找到菇，最好在採收前對其進行鑑別。這個鑑別步驟可以確保你只採集到安全、可食用的物種，而非那些不必要也不能食用的菇類。儘管毒菇對人類有毒性，但要記住，所有毒菇與任何其他生物一樣都具有生存權，不能因為有毒就被消滅。毒菇一樣會透過和樹木的合作，為其他野生動物提供食物來源，在更廣泛的生態系統中發揮作用。

當你遇到菇的時候，請諮詢你的嚮導，甚至將其帶回家製作孢子印或在顯微鏡下研究其特徵，完成進一步的鑑定分析。不斷重複這些過程、反覆練習，你也可以成為菇類鑑定專家。

除非你已完全掌握採集到的菇類身分，否則不要輕易食用。食用毒菇會導致嚴重症狀，甚至死亡。現今有很多長相類似的菇類，而許多中毒案例，就是因為去到陌生的區域採集並吃下與食用菇長相類似的毒菇所致。

更令人困惑的是，菇類有時既可食用、卻又有毒，這取決於你如何處理它們。例如含有鵝膏蕈氨酸（Ibotenic Acid）和蠅蕈醇（Muscimol）等毒素的毒蠅傘，食用後會引起噁心、頭暈和幻覺。德國博物學家喬治・馮・朗格多夫（Georg von Langsdorff）就曾發表利用烹煮來解毒、讓毒菇變得可食用的方法。簡而言之就是，自己要多做功課。

一旦正確鑑別所採集到的菇類，一定要在它們還新鮮時食用完畢，一般來說是一週之內，而且要煮熟。然而，一些受歡迎的品種如白松露卻非常適合生吃，還有義大利人會把牛肝菌（*Boletus edulis*）當生牛肉片一樣生食。

對初學者來說，瞭解可食用物種最快的方法，就是參加所在地區的採集課程或真菌學會。在初學之時，向有經驗的專家或菇友請教將有助於學習，如果有一位導師和嚮導帶領，更是無價。

永續式採集

進入森林採集菇類時，我們還需要思考如何與自然接觸和互動。菇類採集，不僅意味著我們從森林中帶走東西，也包含你留下與回饋給森林的種種。

當然，一定要避免留下不屬於該環境的垃圾或有機廢棄物。如果要確保菇類逐季生長，盡可能減少對土壤的干擾並增加孢子的傳播也很重要。如何實現此一目標、永續式地採集菇類，已在菇類採集者間引起一些辯論。

其中一種方法，是收穫菇類時從菌柄底部（菇類與土壤或任何基質）切下子實體。這麼做雖可避免損壞菌絲體，卻會留下可能腐爛並感染該區域的蒂頭。另一種方法是自菌絲體扭下子實體，這樣就不會留下菇的根部。

瑞士一項研究顯示，「無論是透過採摘還是切割等方法，長期和系統式的採集既不會降低子實體的未來產量，也不會降低野生森林真菌的物種豐富度。」[45]該研究亦補充，在森林地面上踩踏可能會損壞菌絲體，所以確實會減少子實體的數量。避免將菇類挖出來也很重要，因為這可能會產生同樣的破壞效果。最後，採完菇要記得用有機物覆蓋採收區域，以防止菌絲體網路因失去水分而變乾。

除常見菇類外，要記得留下一些菇而非全數採光，這是基本的收穫禮儀。做法就是：只要有兩個菇長在一起，就只摘其中一個、將另一個保留下來。當菇成熟時，它會漸漸失去味道和質地，所以可以留下這些走味的成熟菇，讓它們繼續完成釋放孢子的使命。另外還有一個做法：可以將收穫的菇裝在柳條籃子或網袋當中，確保其孢子可以繼續由空隙中掉出，散布到森林地面。

公共區域和國家森林是有法律禁止進行採收的，所以在前往之前，先研究一下規定以避免受罰。有些地區可能需要許可證或限制採收數量，其他地區則完全禁止在保護區內採收。

如同任何有價值的事，採集菇類是一種學習、嘗試、重新校正和再嘗試的過程。一切都需要時間和心力投入，但與真菌建立連結的興奮是無與倫比的。

所有菇類皆可食用，
但有些只能吃一次。

慢採菇類

艾莉森•普利奧博士
Dr Alison Pouliot

慢慢地，慢慢地……

尋找真菌要慢慢來，不能搶快，因為慢慢來才能仔細觀察、注意細微差別。若只是膚淺地知道許多真菌物種無助於學習，反而要徹底瞭解幾個真菌物種，才是尋找真菌作為食物的真諦，這也是慢採的核心價值。就像慢食或慢藝術一樣，它在乎的是關懷、對細節的關注以及深入瞭解。慢採菇類是重新檢視傳統、一點一滴收集最新研究成果，也是關於我們的選擇和行動如何影響周圍世界的醒悟。

真菌種類繁多、無處不在，很少有找不到它們的地方。其中有些美味，有些則致命。隨著人們對採集野外食物的興趣不斷增加，藉由慢採來學習如何準確鑑定真菌物種，就可以降低傷害自己和環境的風險。

令人嚮往或致命？

什麼是食用菇類？說「可食用性」可能有點模稜兩可，這涵蓋了從「無毒」到「美味」的所有東西。大多數物種不太可能有毒，令人食指大動的卻很少見。真菌有「可口的、可食用的、可食用但需附加警告的、未經證實的可食用性、有疑慮的、有毒的或有致命劇毒的」等分類。這些類別很有用，但有時不夠精確且令人困惑，因為適口性（味道、氣味和質地）是很主觀的。有些有毒物種可透過處理變得可食用，但有些只服下少量就會致命。最重要的是，每個尋找食用真菌的採集者都應該瞭解主要的有毒相似物種。畢竟，錯過可食用菇類，總比吃下有毒菇類要好。

注意周遭

慢採，始於瞭解真菌在其環境背景下的生態意義；真菌不是孤立的實體，它們與其他生物及其棲息地關係密切。要準確鑑別菇類，就需能識別與特定真菌相關的棲息地類型或植物。

許多真菌會與其他生物形成共生（結盟）關係，在真菌和植物之間被稱為「菌根共生」。認識這些關係對採集者有顯而易見的好處：能鑑別與特定真菌相關的樹種，就可避免採集者在「錯誤的」棲息地裡漫無目的地搜尋，毫無收穫。

尋找真菌還須能預測特定物種所生長的基質（培養基）類型。有些真菌生活

專注於真菌的生態學家、作家和環境攝影師，利用科學的客觀角度和分析工具研究真菌。作為每日穿梭在灌木叢中之人，她將真菌與審美和感官欣賞連結起來，並將其描述為一種自然的體驗史。普利奧努力嘗試利用科學和美學，用人們可以理解且與真菌、森林和所有生命相關聯的方式，激發廣大的公眾意識。著有《真菌的魅力》（*The Allure of Fungi*）一書，亦為《野採菇類：採集者圖鑑》（*Wild Mushrooming: A Guide for Foragers*）的合著者。

在土壤中，有些則生活在落葉層或草食動物的糞便裡。另外，還有許多真菌長於木材中，包含活樹、倒下的木頭、特定類型的木材、特定樹齡的木材等。有些真菌只存在於未受干擾的棲息地，而其他真菌則相反。瞭解所找物種喜歡的生長基質類型，能幫助你利用刪去法鑑別真菌種類。

切記，與特定真菌物種的一面之緣，並不代表下次再遇到它時你還能一眼將其認出。鑑別技能仰賴野外與在不同地點和條件下觀察同一物種的直接經驗，以及學習識別真菌的重要鑑定特徵。在不同棲息地和狀況下觀察同一物種，可以讓你熟悉該物種內可能發生的變異程度。隨著菇類的發育，其外型、形式和顏色會跟著發生變化，這部分又進一步受生長地點、生長方式，以及所暴露的不同天氣條件影響。

顏色與形式

智人（*Homo sapiens*）隨著演化已能注意到顏色，所以當我們發現菇類時，顏色也是首先引起我們關注和評論的特點。顏色對於鑑別真菌相當重要，但也可能是不可靠的特徵，因為光是在一個物種裡，顏色可能就有很大的差異。顏色會隨著發育過程的自然變化，或暴露在風、陽光、雨中而發生改變。許多真菌都有相似的顏色，但翻閱圖鑑尋找顏色相仿的菇類，你也就停在這兒了，無助於鑑定。同時考慮顏色和形態學（外型、型式、質地和總體外觀）才是正確的鑑定程序。

瞭解菇類的起點，是熟悉它們的不同部分（例如菌傘、菌褶和菌柄），以及物種內部和物種之間的差異。此時若擁有一個小的十倍放大鏡，將有助於觀察更精細的特徵。別忘了，你也可以利用觸覺來感受它們。菇類的質地千差萬別，觸摸的過程則可以揭露肉眼看起來不明顯的細節，例如用手指觸摸從而發現樣品是光滑的、天鵝絨般的、橡膠狀的還是奶油狀的。

這些只是幫助入門的小提示。你可以花一整天、一週或一個月的時間來感受菇，藉此熟悉它們的不同質地。你也可以透過嗅聞熟悉各種真菌的氣味，或簡單地從瞭解在地植物種類和與之相關的真菌，來開啟這條鑑定之路。所有這些方法都需要時間，慢慢積累的觀察結果，最終會發展成寶貴的知識。好消息是，慢採菇類正快速發展中。

2.5

保存與烹飪

儲藏

菇類的水分含量通常超過90%，但隨著老化會逐漸蒸散流失。因此，如果存儲不當，老化的菇會變成一坨濕黏軟爛的東西。為盡可能延長新鮮度，可以將採集到的菇類放入紙袋（相比塑膠袋或密封容器，紙袋更能有效通氣、散發水分）。如果使用保鮮膜，可以在上面刺一些孔作通氣用。根據經驗，菇類冷藏後能保存約一週的時間。

保存

最簡單的保存方法，是將菇類清洗乾淨並移至冷凍庫中保存。請記得，菇類冷凍後往往質地會被破壞，因此解凍後的菇別用作油炸，最好的烹調方式是用於湯品中或切碎成素食漢堡。

有一種長久保存菇類的好方法，是將它們乾燥後置於密封罐中。許多人堅持傳統的乾燥法，也就是將菇放在陽光下曬一到兩週。若要確認是否乾燥得當，最簡單的方法就是將乾燥後的菇折斷，如果像脆片一樣折成兩半就表示乾燥成功。你也可以使用食品乾燥機做整夜的低溫乾燥，打開烤箱門以低溫烘烤的方式也會得到同樣的效果（只是會比較耗能，而且還可能把廚房變成桑拿房）。菇類乾燥後，可以將它們保存在最低濕度的密封罐中。為避免回潮，可以在密封罐內放入一包乾燥劑（二氧化矽晶體）作為額外預防。

料理準備工作

常見的錯誤，是用水清洗菇類上的污垢。雞油菌、舞菇、香菇和蠔菇等野生菇類會像海綿一樣吸水，洗滌只會讓它們吸收過多的水，從而稀釋原本的香氣。最佳處理方式，是利用刷子清除菇上的污垢或以濕紙巾擦拭。這個清潔過程很適合冥想。

準備野生菇類時切勿用刀切片，而是要用手撕成小片，因為手撕可以保留菇類似肌肉狀的纖維，在烹飪過程中也能保持其形狀和質地。一切就緒後，就能隨意煎、燒、烤、燉了。

2.6

菇類栽培

數百年來，世界各地的菌種已讓自然過程被優化，以生產可穩定供應的菇類產品。如今，大規模種植者已創造出數十至數百萬個就業機會，同時碳足跡也小於其他食品工業。越來越多的家庭栽培者和永續栽培者出現，他們都使用低技術需求的栽培技術。

從香菇到洋菇

菇類栽培可追溯到十三世紀的中國宋朝，當時就有香菇種植的首次書面紀錄。[46]香菇是一種分解木材的腐生真菌。早期種植者砍伐闊葉木原木作為基質，在原木表面鑽上相距5~10公分的孔，然後用香菇菌絲體菌種填充孔洞。該菌種是讓菌絲體在基質上開始生長的起始物。菌種會被用蠟覆蓋住，以保護它免受天氣影響，原木則成堆放置。菌絲體在八到十四個月內會分解木材，直到生長到達原木的末端，這時一根長滿菌絲的原木就準備好要出菇了。如果下雨，原木很快就會長出菇，若無，則可將原木放入水中浸泡二十四小時來刺激生長。一兩天後，被稱作「菇蕾」的小菇就會出現，只需幾天時間就會變成完整的香菇，然後就可以被採收了。日本和中國部分菇農，直至今日仍繼續以這種傳統方式種植香菇。

現今，大多數菇類品種的栽培已轉移至室內，並從使用木材等天然基質過渡到使用玉米芯和花生殼等農業副產品。這類有機物以前被農業生產歸類為廢棄物，但對於菌絲體而言，卻是一種有營養的食物來源。室內栽培可以控制環境條件，進而提高能源、水和土地的利用效率。因此，與室外種植相比，室內栽培過程更加環保，而且產量穩定，價格也更親民。

全球人工栽培菇類供應量的增加，反映在超市農產品的貨架上。例如雙孢蘑菇的多樣變種商品，包含白鈕扣菇、栗子菇、波多貝羅、瑞士棕菇、小褐菇和洋菇（食用香草菇），這些菇在超市貨架上的大量出現就是因為易於種植，且能被裝在塑膠包裝內、以卡車運輸兩千公里後仍保持新鮮。白鈕扣菇是1920年代從原始棕色種偶然突變而來的。當時，白色食物對購物者來說更具吸引力，因此這個有著白麵包外觀的變種正好搭上風潮，成了極具吸引力的賣點，進而被篩選出來並大量種植。[47]

雙胞蘑菇之所以成為當今栽培量最多的菇類，還有另一個原因：其能以多種有機物為食。雞油菌、羊肚菌和松露等野生真菌的情況並非如此，因為它們的食物來源是菌根關係，必須生活在植物的根部，因此要在工業生產環境中複製它們的自然棲息地狀況，是更加複雜的。

菇類受關注的時間較為晚近，因此在瞭解如何培育真菌物種上，我們仍處於初步階段。迄今，僅約二十種菇類被大量商業種植，這在真菌界中的占比很小。

與菇類培養關係

拜可取得資訊增加所賜，菇類種植不再局限於農場和工業設施。如今，即使沒有任何高級的實驗室設備，也能在家成功種植菇類。有了廚房中的瓶瓶罐罐，就可以用來開啟你的栽培實驗了。

培養過程主要有三個階段：首先是餵養菌絲體，接下來是促進其生長且盡可能減少競爭生物，最後就是刺激出菇。如果想更進一步瞭解栽培，傑夫・奇爾頓（Jeff Chilton）和保羅・史塔曼茲（Paul Stamets）的《菇類栽培者》（*The Mushroom Cultivator*）和彼得・麥考伊（Peter McCoy）的《完全真菌學》（*Radical Mycology*）等著作，皆提供有關栽培特定物種的指引，也包含隨養殖規模擴大所需的細微操作和技術需求。

由於廣泛的實踐和探究，新的種植技術和栽培裝置開始出現，於是科學與藝術之間的界限不再黑白分明。種植菇類可以是一個非常簡單又能增強自信心的過程，也能為你開闢一條與真菌建立關係的道路。

右圖：生長在橡樹上的香菇。它們喜歡橡木原木，因為這些木材營養豐富且能保持水分，每根可持續生產香菇長達五年。

雞油菌

CANTHARELLUS CIBARIUS

俗名	
雞油菌	
科	雞油菌科
屬	雞油菌屬
種名意義	好吃

這種明亮、帶深黃色的菇類，在落葉中很顯眼也很容易被發現。雞油菌產量豐富，且有公司將其作商業化採集並用於出口，所以也成了世界上最著名的菇類之一。學名裡的「Cibarius」意為「好吃」且名符其實，每年全球市場價值為十四億美元。

不要將雞油菌與「傑克的燈籠」（Jack-O'-Lantern，學名為*Omphalotus olearius*）混淆，後者是一種外觀看起來很類似的毒菇。

歷史與文化

此菇在許多國家都有俗稱，也反映出其在當地文化中的早期地位。像是義大利的Capo Gallo（公雞冠）、俄羅斯的Лисички（小狐狸）、德國的Dotterpilz（蛋黃菇）、中國的雞油菌（蛋黃或杏黃色菌）、葡萄牙的Canarinhos（金絲雀菇）和法國的Jaunette（小黃）。這些名稱多指向其鮮豔的黃色（由β-胡蘿蔔素含量所致）。

特性

食用面

可食用。具有水果與杏仁香氣且口感溫和，質地緊實。

營養概述

一份 100 公克未經加工的雞油菌含有 32 大卡熱量，由 90% 的水、7% 的碳水化合物、1% 的蛋白質和不到 1% 的脂肪組成。富含維他命，提供 30% RDI 的維他命 D。富含鐵和銅等礦物質。

藥用面

可供藥用。含有可以抗菌、抗氧化、抗炎和抗病毒特性的化合物。[48] 在傳統中藥裡被用於治療眼部疾病、肺部感染、腸道問題和皮膚乾燥。

精神活性

無。

環境修復能力

具有環境修復能力。子實體會累積有毒金屬，例如鉻、鎘和鉛。[49]

子實體特徵

菌傘

- 2~15 公分寬
- 周圍凸起、中心凹陷或漏斗狀，邊緣呈波浪狀
- 黃色至橘黃色，受損後會呈黃棕色

菌褶

- 橘色到黃色
- 緊密或密集
- 延伸至菌柄

菌柄

- 2~10 公分高
- 0.5~3 公分厚
- 黃色，受損後會呈黃棕色
- 表面光滑
- 質地堅挺

孢子

- 油色至黃色
- 橢圓形

野地描述

棲息地

與松樹、橡樹和山毛櫸等硬木或針葉樹，以菌根關係生長。

分布範圍

廣泛分布於歐洲、亞洲、非洲和北美洲。

產季

夏、秋。

松乳菇
LACTARIUS DELICIOSUS

俗名

菇、紅松菇、橘乳菇、藏紅乳菇、美味乳菇、Рыжик（俄羅斯語，意爲紅頭）

科	紅菇科
屬	乳菇屬
種名意義	美味

松乳菇是一種胡蘿蔔色的菇類，具有優雅的花瓶狀子實體，瓶身連接一根短菌柄，上面有如壓上橢圓形印記一般的明顯凹痕。當一塊菌傘或菌褶被折斷時，它會滲出藏紅花色的乳汁，受損區域隨後會迅速氧化並轉成淡黃綠色。

歷史與文化

松乳菇是世界上最古老的食用菌之一，在俄羅斯、庇里牛斯山脈（Pyrenees）和整個地中海地區備受喜愛。在俄羅斯，它被融入文化並被親切地稱作Рыжик，意為「紅頭」，可以被鹽漬、醃製，與伏特加一起作為開胃菜。松乳菇甚至出現在兩千多年前赫庫蘭尼姆（Herculaneum）和龐貝（Pompeii）古城壁畫中，作為早期真菌的插圖。

特性

食用面

可食用。具有帶苦味的果香和堅果香，且有肉質口感。

營養概述

一份 100 公克未經加工的松乳姑含有 38 大卡熱量，由91%的水分、5%的碳水化合物、2%的蛋白質和1%的脂肪組成。富含鈣、鐵、錳、鉀、磷等維他命和礦物質。β- 胡蘿蔔素含量高，是此菇類具鮮豔顏色的原因。

藥用面

可供藥用。在俄羅斯和法國，傳統上用於治療咳嗽、肺結核和哮喘。具有抗腫瘤、抗氧化、抗炎和抗病毒特性[50]的萜類化合物和其他化合物[51]。

精神活性

無。

環境修復能力

具有環境修復能力。實驗顯示，松乳菇和歐洲赤松（*Pinus sylvestris*）之間的菌根關係，對松樹的生長有正面影響。[52]

子實體特徵

菌傘

- 5~15 公分寬
- 周圍凸起、中心凹陷呈漏斗狀，邊緣呈波浪狀
- 橘色或粉橘色，受損後呈綠色
- 折斷時會滲出橘紅色乳汁

菌褶

- 橘色到黃色
- 緊密或密集
- 延伸至菌柄

菌柄

- 2~8 公分高
- 1~3 公分厚
- 橘色
- 帶有橙色橢圓形凹痕

孢子

- 白色或奶油色
- 橢圓形

野地描述

棲息地

透過與針葉樹（特別是松樹）形成菌根關係的方式生長。成群出現在沙質土壤、草地或松樹落下的堆積針葉上。

分布範圍

廣泛分布於歐洲、亞洲、澳洲和紐西蘭的溫帶和亞熱帶地區。

產季

夏、秋。

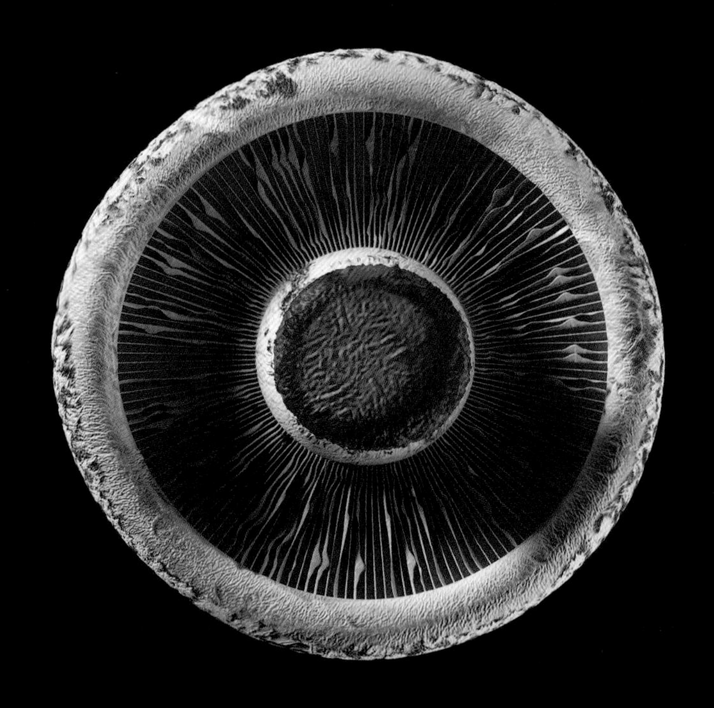

香菇

LENTINULA EDODES

俗名

椎茸、黑森林菇、橡菇、香菇

科	小皮傘科
屬	香菇屬
種名意義	可食用

有了香菇，就不用再煩心尋找每日主食了。香菇的味道濃郁且質地柔軟，媲美肉類，又富含維他命、礦物質和藥用化合物。它被廣泛種植，可在多數亞洲超市找到新鮮或乾燥產品。厚實的菌傘略微向下捲曲，顏色為棕褐色至棕色，頂部有白色裂紋。菌傘越厚價格也越高，其濃郁的風味還可以濃縮製成素蠔油。

歷史與文化

1209年，中國龍泉縣的文字紀載中提到香菇，這可能是人工培育菇類最早的文字紀錄。而後香菇傳到日本，農民開始透過將原木放在已長有香菇的樹上，藉以改良栽培技術。今日，香菇產量僅次於洋菇，占全球菇類種植量的四分之一。

特性

食用面

可食用。非常好吃，因其濃郁的香氣和鮮味而備受喜愛。

營養概述

一份 100 公克未經加工的香菇含有 34 大卡熱量，由 90% 的水、7% 的碳水化合物、2% 的蛋白質和不到 1% 的脂肪組成。富含維他命，提供 20% RDI 的維他命 B 群，以及鋅、鐵、錳和磷等礦物質。

藥用面

可供藥用。富含香菇多醣和 β- 葡聚醣等藥用化合物，在中國和日本被用作癌症的輔助治療藥物。傳統上用於降低膽固醇、保護肝臟、調節免疫系統和降低血壓。

精神活性

無。

環境修復能力

具有環境修復能力。身爲白腐眞菌之一，菌絲體會分泌強烈的化學物質並分解一系列的染物。已用於藥物、化妝品和工業化學品等外源生物質（Xenobiotic Matter）的環境清理。[53]

子實體特徵

菌傘

- 2~24 公分寬
- 平面或凸面
- 淺棕色至深棕色
- 邊緣有鱗狀結構，白色且毛茸茸的

菌褶

- 白色
- 密集
- 菌柄上無菌褶

菌柄

- 5~10 公分高
- 0.5~2 公分厚
- 淺褐色
- 表面呈鱗片狀
- 質地呈纖維狀

孢子

- 白色
- 橢圓形

野地描述

棲息地

森林遮蔭處，群聚生長在腐朽的硬木樹上，例如橡樹、楓樹、山毛櫸、栗樹和角樹。

分布範圍

原產於亞洲，但全球都有以原木或木屑爲原料的人工栽培。

產季

春、秋。

美味羊肚菌
MORCHELLA ESCULENTA

俗名

羊肚菌、常見羊肚菌、黃色羊肚菌、海綿羊肚菌

科	羊肚菌科
屬	羊肚菌
種名意義	美味

對菇類採集者來說，羊肚菌的出現代表著春天的到來。蜂窩狀的菌體上有凸脊與凹坑，且菌體通常比菌柄還高。其顏色從棕黑色、黃色到奶油色皆有，顯著特點是完全空心。這是一種備受歡迎的美味菇類，但由於與某些樹木的根部關係密切，所以人工栽培嘗試一直沒有成功。

歷史與文化

美味羊肚菌是菇類採集者的寵兒，美國的一些州甚至每年都會為它舉辦慶祝節日。五月的密西根州是「羊肚菌月」，會舉辦長達九十分鐘的採集活動來慶祝這些春季美食的到來。人們會為了獲得最佳收成而燒毀森林棲息地。[54]進入這些區域採集時要注意鹿花菌屬（*Gyromitra*）的「假羊肚菌」。鹿花菌的形狀像一個鼓起的大腦，但卻不是空心的。

特性

食用面

可食用。因樸實且具堅果味，再加上肉質口感而備受喜愛。

營養概述

一份 100 公克未經加工含有 31 大卡熱量，由 91% 的水、5% 的碳水化合物、3% 的蛋白質和不到 1% 的脂肪組成。富含鐵、銅和維他命 D。

藥用面

可供藥用。含有一種可以調節免疫系統、被稱爲半乳甘露聚醣的多醣體。動物實驗顯示，其具有抗氧化和保護肝臟的特性。[55] 在中藥中用於治療消化不良、改善內臟功能和幫助化痰。

精神活性

無。

環境修復能力

具有環境修復能力。其子實體可蓄積鉛、汞等金屬。可用作土壤污染的生物指標，以及復育受污染土壤。

子實體特徵

頭部

- 3~11 公分高
- 2~6 公分寬
- 圓錐形或橢圓形
- 黃色、棕褐色或棕色
- 不規則的海綿狀脊和凹坑

菌柄

- 1~10 公分高
- 1~5 公分厚
- 底部膨大
- 白色至黃棕色

孢子

- 從凹坑的囊中釋放
- 白色至奶油色
- 橢圓形

野地描述

棲息地

與梣樹、榆樹和蘋果樹等硬木以及針葉樹，以菌根關係生長。存在於森林、果園、草原、花園和最近被焚燒過的土壤中。

分布範圍

廣泛分布於全球溫帶和亞熱帶地區，尤其是亞洲、北非、北美洲和巴西。

產季

春。

松茸
TRICHOLOMA MATSUTAKE

俗名

茸、松菇

科 口蘑科

屬 口蘑屬

種名意義 松茸

因為味道濃郁又質地堅硬，讓松茸在世界各地都是珍貴的美食，也是任何菜餚中的明星。尤其在亞洲備受喜愛，也象徵著好運、幸福和生育，所以經常被作為重要儀式的禮物贈送。松茸喜歡生長在受干擾（例如森林火災和核災）後的棲息地，被認為是廣島原子彈爆炸後第一個生長出來的生物。

歷史與文化

由於松茸與針葉樹的根系關係複雜，所以目前尚無法人工栽培，只能靠採集滿足廣大需求。然而，由於氣候變化、森林砍伐和管理不當，其供應量急劇下降。在日本，1940年的收成達到一萬兩千噸的高峰，但到了2012年已降至每年不到一百噸。松茸目前已被列入國際自然保護聯盟（IUCN）瀕危物種紅色名單之中，因為稀少所以成了世界上最昂貴的菇類之一，價格高達每公斤一千兩百五十美元。

特性

食用面

可食用。由於濃郁風味和香氣，被視作一道美食佳餚。

營養概述

一份 100 公克未經加工含有 23 大卡熱量，由 88% 的水、8% 的碳水化合物、2% 的蛋白質和不到 1% 的脂肪組成。富含膳食纖維、維他命和礦物質，例如維他命 B、鐵、銅和鉀。

藥用面

可供藥用。中藥入茶能調理免疫系統、促進消化、解毒、保肝、使皮膚透亮。在小鼠身上的實驗證實，作爲多醣體的來源，松茸具有抗菌、抗腫瘤和免疫調節的特性。[56]

精神活性

無。

環境修復能力

無。

子實體特徵

菌傘

- 5~20 公分寬
- 凸面或平面
- 白色或棕褐色至深棕色
- 成熟時有褐色斑點

菌褶

- 白色至棕褐色
- 密集
- 附著在菌柄上

菌柄

- 5~15 公分高
- 1.5~4.5 公分厚
- 向底部逐漸變細
- 白色或棕褐色至深棕色
- 菌柄上部有纖維狀茸毛鱗片環
- 緊實、緻密

孢子

- 白色
- 橢圓形

野地描述

棲息地

與針葉樹（特別是松樹）以菌根關係生長。生長在只有薄薄一層枯枝落葉、幾乎沒有地表植物的營養貧瘠土壤中。

分布範圍

生長在整個亞洲和北歐，以及加拿大和北美的太平洋沿岸。

產季

秋。

MEDICINE

醫藥

長期以來，真菌一直是提供人類醫藥資源的寶庫。過去十年裡，有超過四分之一的諾貝爾生理醫學獎，頒給以酵母菌這類單細胞真菌為研究基礎的發現。

真菌可以治癒我們

生命，是這宇宙中的奇蹟。約三十七萬億個細胞以我們的身體作為家園，所有細胞都和諧地工作著。幾十年來，一種與生俱來的智慧驅使細胞日復一日地工作，只為一個目標：讓我們活下去。人類的身體與真菌、微生物、動物或植物的身體並非截然不同。數以億計的微生物住在人體裡，沒有它們，我們也無法存活。

當身體最終出現問題時，無論是疾病、感染還是受到物理性傷害，現代醫學都能一次次地創造奇蹟、解決問題。藥物藉著改變、破壞或替換體內受影響的細胞來發揮作用，且一切都運作地非常巧妙。然而，在身體、精神、環境、社會和政治現象的共同作用下，現代社會的健康與福祉便開始下降，且無法單靠現代醫學來解決這個問題。

因此，越來越多人開始尋求全面、可替代以及能互補的療法，這些療法的術語常被互換使用，或同於那些尋求改善健康與福祉、別於傳統醫學的哲學或系統。在科學發現形塑二十世紀西方醫學之前，許多這類療法，例如草藥、阿育吠陀和傳統中藥，便早已出現在人類歷史當中。

由於現代和傳統醫學系統的運作原理不同，使這兩者之間存在著緊張關係。如果可以把適合用於應對疾病、感染和外傷的部分保留給西方醫學，然後把用來管理其他慢性疾病的部分留給其他療法，如此簡單區分或許就能化解這個局面。一開始就預防疾病的發生，也或許是更好的作法？

真菌無疑是世界上最厲害的化學家，而且在它們的藥櫃中存放著一系列同時可以預防與治療疾病的解決方案。許多傳統上認為的健康益處，現在已經得到科學研究的證實，亦即真菌可以成為我們日常健康的支柱。與此同時，運用大數據、機器學習和基因工程力量的生物技術公司，也正在打造藥物發現和生產的創新方法，製藥公司則繼續尋找來自真菌酵素的新藥。

數以億計的微生物住在人體裡，沒有它們，我們也無法存活。

3.1

真菌的醫藥應用史

真菌的藥用價值歷史悠久，而且本身就具有食物和藥物雙重角色，因此在傳統文化中扮演著重要角色。中國古代諺語「藥食同源」就凸顯了此種二元性智慧，意思就是「藥物與食物有著相同的根源」。畢竟，我們每天攝取的食物為身體提供了製造和更換細胞的基石，是健康新陳代謝與強大免疫系統的營養來源。

事實上，傳統中醫是可以讓我們一窺真菌在生活中潛在角色的方法，因為中醫將身體視為一個與自然連結並取得平衡的整體系統。健康的身體反映出被稱為「氣」的生命力或能量流在身體中平衡循環的狀態，然而疾病與病徵就是能量失衡的結果。草藥補品當中含有可以補「氣」並讓身體恢復平衡的藥用化合物。中醫整體醫學明白地指出了營養、運動和心理健康在促進身體先天自我修復方面的作用。

除了營養價值外，菇類長期以來的藥用價值，正被現代科學方法驗證著。酵母菌和黴菌等微型真菌也在藥用領域中有重要地位，只是我們才要開始一窺真菌的藥櫃，利用它們的特性來治療人類疾病和感染。在急切創造新藥的過程當中，回頭瞭解古代文化幾千年來所使用並發揮巨大作用的東西，相當值得。

大型眞菌的歷史

菇類被用作藥物最早的證據，來自生活在銅器時代的冰人奧茲（Ötzi）。五千三百年前（早於埃及金字塔和巨石陣），奧茲的身體在奧地利阿爾卑斯山的冰川中，如同木乃伊一般地被保存下來。[57]奧茲的腰包裡存放著兩種藥用菇類，一種是具有廣效抗生素和抗寄生蟲效果的樺擬層孔菌（*Fomitopsis betulina*）。透過身體的掃描，研究者發現奧茲患有鞭蟲病，他應是利用樺擬層孔菌來驅除消化道中的寄生蟲。另一種奧茲攜帶的真菌是木蹄層孔菌（*Fomes fomentarius*），因為這種真菌很容易用打火石點燃，所以推測可能被當作火種，為薪材生火以及消毒傷口之用。

現代醫學之父希波克拉底（Hippocrates）曾在西元前450年使用火種真菌燒灼傷口以及處理發炎症。無獨有偶，西元前250年左右編纂的第一本、堪稱傳統中藥基礎的中國藥物論《神農本草經》當中，也記載著真菌藥用的知識，在三百六十五種草藥清單當中就記載著十四種藥用真菌。

下圖：樺擬層孔菌穿過樹皮爆出，其圓潤的橡膠狀菇體會慢慢變成軟木塞狀的棕灰色半球。

有一種真菌，會從朽木一側長出表面光滑又扁平、宛如扇的紅棕色子實體，在亞洲被稱為「永生菇」，是極受尊敬的真菌物種，又因為能提升精力、增強活力以及延年益壽，所以常留作御用。這個傳說中的菇類就是「靈芝」（*Ganoderma lingzhi*），意指「有靈性的菇」或「像神一樣的菇」。一般認為，靈芝可以增強人體的能量系統與心臟健康，又能改善認知功能並逆轉衰老對我們的影響。[58]靈芝貫穿於整個中國文化，被描繪在藝術、舞蹈和詩歌當中，甚至被用於裝飾皇宮以作為健康、吉祥和永生的象徵。但這些有科學根據嗎？

過去十年，科學家已針對靈芝的醫學潛力發表了數千篇論文，因此，在傳統治療行為中所做的觀察，正在得到科學的驗證。靈芝的生物活性來自三百多種具有多種益處的藥用化合物，作用從調節免疫系統到降低血壓、膽固醇和血糖皆有。中國、日本、韓國和美國是靈芝研究的領導者，而且正進一步開發成具藥理作用的產品，例如抗生素、抗病毒藥、抗癌化合物、降壓藥、免疫抑製劑、保肝藥和抗氧化劑等。

除了靈芝，可望帶來健康生活的真菌物種，根據2018年的報告，光是在中國就有多達七百九十八種。[59]其他受高度肯定、可促進免疫健康的藥用菇類，還包括銀耳、毛木耳（*Auricularia polytricha*）和茯苓（*Wolfiporia cocos*）等。

亞洲以外的地區也有藥用菇類被應用的悠久歷史，例如生長在樹的一側，看起來像燒焦黑色物質的白樺茸（*Inonotus obliquus*）。白樺茸的藥用歷史至少可以追朔到十三世紀的俄羅斯、西伯利亞和北歐地區，當時被用於民間醫學。白樺茸的英文「Chaga」源自古俄語單字「Чага」，簡單來說就是「菇」的意思。白樺茸可被用於治療胃腸道疾病、心血管疾病、糖尿病和各種癌症。[60]前蘇聯科學家在1900年代對白樺茸的傳統用途進行一系列研究，最終找到一種有效物質並將其製作成名為靶酚精（Befungin）的藥物。靶酚精在俄羅斯獲得販賣許可，至今仍然有販售，主要用於調節免疫系統，以及治療慢性炎症、皮膚病、神經系統疾病和早期癌症。

孢地菇屬（*Terfezia*）和蒂爾曼尼亞屬（*Tirmania*）的沙漠松露在整個中東、地中海、北非和西撒哈拉地區備受喜愛，且關於其營養和藥用價值的知識鏈，四千年來未曾中斷過。現代研究更證實了許多傳統用途的原理，因為沙漠松露含有多種抗氧化劑，而且還具有可有效對抗常見病原體的抗菌特性。

微型眞菌的歷史

早在微生物學的科學啟蒙前，微型真菌以發黴乳酪或麵包的形式被當作藥物，直接用於治療身體感染。今天，製藥公司透過這些古老療法萃取出活性化合物並製成藥物，每年治療數百萬受危及生命疾病（從糖尿病到癌症）威脅的患者。這種當代的微型真菌應用，始於亞歷山大・弗萊明（Alexander Fleming）發現的青黴素。

到了1800年代末期，科學家瞭解到細菌會引起許多疾病，並且將研究重點放在阻止細菌生長的方法上。在沒有抗生素的年代，即使是很小的傷口也可能導致組織損傷、器官衰竭和死亡。1928年，弗萊明在倫敦聖瑪麗醫院研究葡萄球菌（*Staphylococcus*），趁著倫敦氣候溫暖之際，他放下實驗去休假，但臨走前未將實驗用的培養皿收拾好，汙點青黴（*Penicillium notatum*）的孢子就在這個時候飄進實驗室並落在培養皿上。此時溫暖的氣候讓細菌和黴菌可以同時生長，兩週後回到實驗室的弗萊明，發現培養皿上黴菌周圍有一圈無細菌生長的區域。黴菌不僅抑制了細菌的生長，還產生了完全殺死細菌的化學物質，可以說幾次的好運促成了青黴素的發現。弗萊明將這種活性化學物質命名為青黴素，並將自己的發現發表在《英國實驗病理學雜誌》（*British Journal of Experimental Pathology*）上。儘管這個發現大有前途，但青黴素在那時卻難以純化和穩定用於臨床試驗。

十年之後，牛津大學的霍華德・弗洛里（Howard Florey）博士和恩斯特・柴恩（Ernst Chain）博士偶然發現弗萊明的論文並著手進行一系列艱苦的實驗，最終證明青黴素對人體無毒，且可有效治療人體多種感染症。雖然弗萊明是青黴素的發現者，但弗洛里和柴恩及其同事的努力也功不可沒。到了1941年第二次世界大戰期間，以汙點青黴製造青黴素的速度已遠趕不上需求，尋找青黴素高產菌株的挑戰於焉展開。

來自世界各地，長在水果和土壤上的青黴菌樣本被送進了實驗室檢驗。1943年，實驗室助理瑪麗・亨特（Mary Hunt）送來一個覆有「漂亮金色黴菌」的哈密瓜[61]。哈密瓜上的黴菌被鑑定為金黃青黴（*Penicillium chrysogenum*），能夠產生大量的青黴素，研究將其突變幾次之後，產量更是汙點青黴的一千倍。研究團隊建立起生產程序，美國和英國的公司迅速量產了青黴素，讓第一批抗生素能夠被當作藥物出售。

青黴素是一種神奇的藥物，在二次大戰後期治癒無數前線士兵的疾病和感染症。一些歷史學家甚至將盟軍的二戰勝利歸功於青黴素的奇蹟。弗萊明、弗洛里和柴恩因為他們的發現與研究，於1945年獲諾貝爾生理醫學獎。[62]後來，弗萊明的名言被廣泛引用：「我沒有發明青黴素。是大自然發明的。我只是偶然發現它而已。[63]」自然界中，究竟還有多少解決人類苦難的方法尚未被發現呢？

繼青黴素之後，製藥業進入抗生素發現的黃金年代。1957年，瑞士製藥公司山德士（Sandoz）制定了一項抗生素發現計畫，鼓勵員工從海外旅行中收集土壤樣本，以發現新的真菌菌株。1969年，一種名為多孔木黴（*Tolypocladium inflatum*）的土壤真菌在挪威被發現。讓－弗朗索瓦・波萊爾（Jean-François Borel）博士和哈特曼・F・斯埃林（Hartmann F Stähelin）博士在1970年代領導的研究，發現了多孔木黴產生環孢菌素的能力。環孢菌素是一種能抑制免疫系統的化學物質。我們都知道，免疫系統可保護身體免受外來物質的侵害，尤其是入侵的細菌。

然而，對器官移植而言，活躍的免疫系統卻是失敗的原因。移植的器官，無論對患者的生存來說有多重要，一律會被身體認定為入侵的外來者而遭受拒絕。為了成功移植器官，免疫系統就必需要被抑制或減弱到足以防止捐贈器官受排斥的程度。這時環孢菌素便派上用場，也徹底改變了器官移植的成功率。至今，環孢菌素仍是最暢銷的免疫抑制劑，不僅應用在器官移植，也是治療牛皮癬、嚴重皮炎和類風濕性關節炎的有效藥物。

下圖：青黴菌產生的化學物質可以殺死細菌，如圖中黴菌周圍那圈無菌區域。

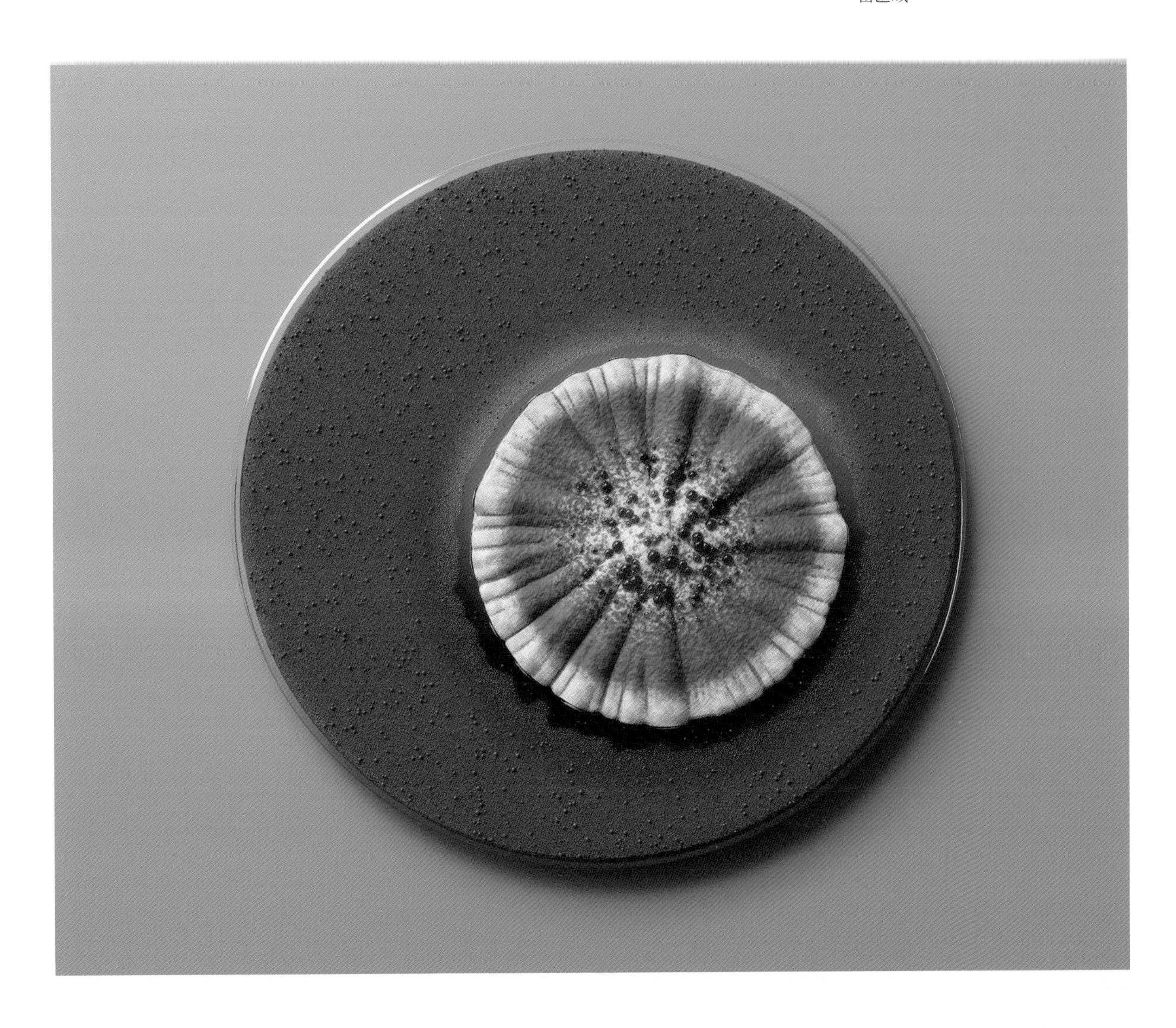

3.2

藥用益處

真菌是橫跨醫藥科學和傳統草藥領域中相對容易取得的一種自然療法，尤其是越來越多人使用的藥用菇類，就被當作常規治療的替代方案。藥用菇類幾乎無副作用，也沒有所謂的致死劑量，這讓真菌的不同形式產品，例如粉末、膠囊、酊劑[64]、飲料甚至護膚用品等在市場上滲透著。

更重要的是，真菌能夠增強和調節免疫系統，保護我們免受致病病毒和細菌侵害。理解免疫系統的基礎知識，有助更進一步瞭解菇類的藥用益處。

人類的免疫系統

人體裡有許多令人驚嘆的機制運作著，當中最了不起的就是免疫系統。免疫系統是身體的天然防禦系統，雖然我們對它的工作原理瞭解有限，但也明白，它始終一刻都不鬆懈地保護著我們。

免疫系統就像邊境管控一樣，可以識別並消除任何傳入的威脅。它有物理屏障，例如最重要的皮膚，還有毛髮、黏液和眼淚等。化學防線是防禦系統的第二道防線，例如分泌在皮膚上、陰道分泌物和精液當中的抗菌物質。另外，胃部分泌的強酸以及腸道的大量有益細菌，可以防止有害細菌在體內繁殖。

如果病原體成功越過這些防禦系統，免疫系統就會從淋巴結、胸腺、脾臟、骨髓、扁桃腺和身體其他部位派遣免疫細胞來抵抗疾病和感染。最重要的是，這些免疫細胞可以分辨出健康細胞和危險細胞之間的區別。事實上，大多數疾病症狀並非源自微生物，而是來自免疫系統的活動。

我們的情緒、連結感和壓力程度對免疫細胞的產生影響深遠。大腦中的快樂化學物質，例如血清素、多巴胺、催產素和腦內啡都能增強免疫力。但是當我們感到壓力時，免疫細胞會接收到身體發出的訊號，從而攻擊自身的健康細胞，於是就會發生疼痛和發炎。發生這種情況時，使用止痛藥、抗生素和其他暫時舒緩的方法，都不能解決根本問題。

營養不良、壓力和焦慮等現代問題會損害我們的免疫系統，讓身體成為目標而遭受攻擊，這就是自體免疫疾病。這種疾病在近幾十年來有漸增趨勢，其中常見的就是乾癬、纖維肌痛症和多發性硬化症，而且病症可以遍及全身。由於許多這類疾病的根本問題是免疫系統，因此沒有單一的治癒方法。

不僅如此，由於每個人的免疫系統都不一樣，更加深這類疾病的複雜度。治療免疫系統疾病需要個人化的方法，包括改變人們的思維、感覺、飲食和生活方式。

眞菌爲何有用？

在自然界中，真菌不斷地與微生物、昆蟲和其他動物競爭，也因為真菌不會四處走動、在面對威脅時無法逃跑，使得真菌在自我防衛時會產生一系列複雜的化學物質來攻擊和消滅病原體。幸運的是，真菌為生存而歷經數百萬年發展的化學武器，有些也能被我們有效利用，為自身健康而戰。而能夠這麼做的原因，或許來自演化上的相似性（我們與真菌共享近50%的DNA和85%的RNA）[65]，也或者可能只是我們共同演化的悠久歷史所造成的結果。

藥用真菌不僅可作抗生素用，也能產生各種醫學上的有用分子，例如，抗細菌、抗真菌、抗寄生蟲以及抗病毒的化合物。其他著名的藥用真菌也被用於產製各項藥物，例如降膽固醇藥物裡的土麴菌（*Aspergillus terreus*）、治療多發性硬化症藥物裡的辛克萊棒束孢（*Isaria sinclairii*），以及緩解偏頭痛藥物裡的黑麥角菌（*Claviceps purpurea*）。

具活性的藥用化合物

儘管藥用菇類在傳統醫學中已有數千年的使用歷史，但鑑定有益化合物、萃取活性成分進行大規模量產，則是現代醫學的目標。在子實體和菌絲體中發現的化合物可以調節免疫系統，刺激身體的自我修復能力。有些化合物甚至能夠攻擊導致感染的惡性細胞或微生物。但是大多數菇類還是最適合應用在預防保健上，並與功能正常的免疫系統一起運作，達到增強防禦系統並使身體遠離疾病的目標。

具生物活性的有益化合物，分屬許多不同的化學類群，包括多醣體、萜烯、酚類化合物、生物鹼、胜肽、凝集素和核苷。研究最多的兩種化合物是β-葡聚醣和三萜類化合物。

β-葡聚醣

真菌細胞壁如同甲殼類動物的外骨骼，皆由幾丁質所組成，其質地堅硬且鑲嵌著被稱為多醣體的長鏈複雜碳水化合物。真菌含有許多類型的有益多醣體，但對人類最重要的多醣體是β-葡聚醣。具體來說，應該是(1-3)(1-6) β-D-葡聚醣。

逾兩萬個已發表研究顯示，β-葡聚醣是目前為止發現的最佳免疫調節作用物質，不但可以刺激脆弱的免疫系統，還能調節其過度活躍的狀態。β-葡聚醣增強了我們對細菌、病毒和寄生蟲感染的防禦力，還提供許多其他有助維持健康的益處。瞭解β-葡聚醣的效果後，再檢視傳統醫學中最常見的真菌種類，發現它們都富含β-葡聚醣，也就不覺得意外了。測試菇類中β-葡聚醣含量的研究發現，雲芝（*Trametes versicolor*）和靈芝（*Ganoderma lingzhi*）的子實體含量最高。

我們與真菌的共同演化，為身體留下了可接受來自真菌化合物的受體位點。透過演化，真菌、微生物、植物和動物皆以不同的方式產生分子，而我們也得益於此種差異，從而能開發出會專一結合於非人類受體的化合物。

想像一把鎖和鑰匙，我們吃進β-葡聚醣，它就會進入免疫系統的特定受體位點，並刺激免疫細胞尋找體內的病原體和癌細胞。刺激免疫細胞的同時，也刺激了身體的先天癒合和防禦反應，也就是說，藥用菇類幾乎影響著我們身體的所有主要系統，讓這些系統可以發揮全部潛能。[66] β-葡聚醣存在於包括微觀酵母菌在內的所有真菌當中。有超過八十個臨床試驗評估了它們的生物學效應，所以問題不在於營養補充品當中的β-葡聚醣「是不是」藥物，而是「什麼時候」會被認定為藥物。

三萜類

與所有真菌皆含有的β-葡聚醣不同，萜烯僅存於特定物種當中。萜烯因抗癌、抗腫瘤、抗菌和抗炎特性，以及其在對抗神經退化性疾病方面的有效性而受到研究。其作用原理是刺激我們的免疫細胞攻擊侵入人體的病原體，同時藉由防止細胞的不必要增生來控制人體的反應。萜烯種類繁多，當中三萜類被研究最多，也最有活性。

自1982年首先從靈芝分離出的靈芝酸A和靈芝酸B以來，至今已發現三百多種三萜類化合物。即便三萜類化合物可以抑制腫瘤細胞生長，可仍不足以讓它們成為治療癌症的一線藥物。然而，《菇類栽培者》的合著者兼有機藥用菇類萃取供應商納美斯（Nammex）創始人傑夫・奇爾頓說：「我可能會推薦任何患有威脅生命疾病的人大量服用靈芝。菇類可增強免疫反應，因此應將其視為預防而非治療疾病的主要方法。建議定期食用菇類並根據需要使用營養補充品。」[67]

三萜類化合物還能保護肝臟、降低膽固醇、減少發炎反應，並在平衡荷爾蒙方面發揮強大作用。這讓靈芝成為終極適應原（Adaptogen）[68]。適應原具有平衡荷爾蒙、保護身體免受心理和生理壓力，以及改善免疫系統的功能，在快節奏、壓力無所不在的生活中更顯重要。然而不幸的是，大腦在認定具有威脅性的事物上並沒有太大的識別能力。現代生活的事物，例如交通、壓力、社交焦慮等，都會引發全身荷爾蒙的爆發，即「戰或逃」（Fight-or-Flight）反應，就像被掠食者追逐一樣。

右圖：菇從子實體的超結構到細胞層面的結構。

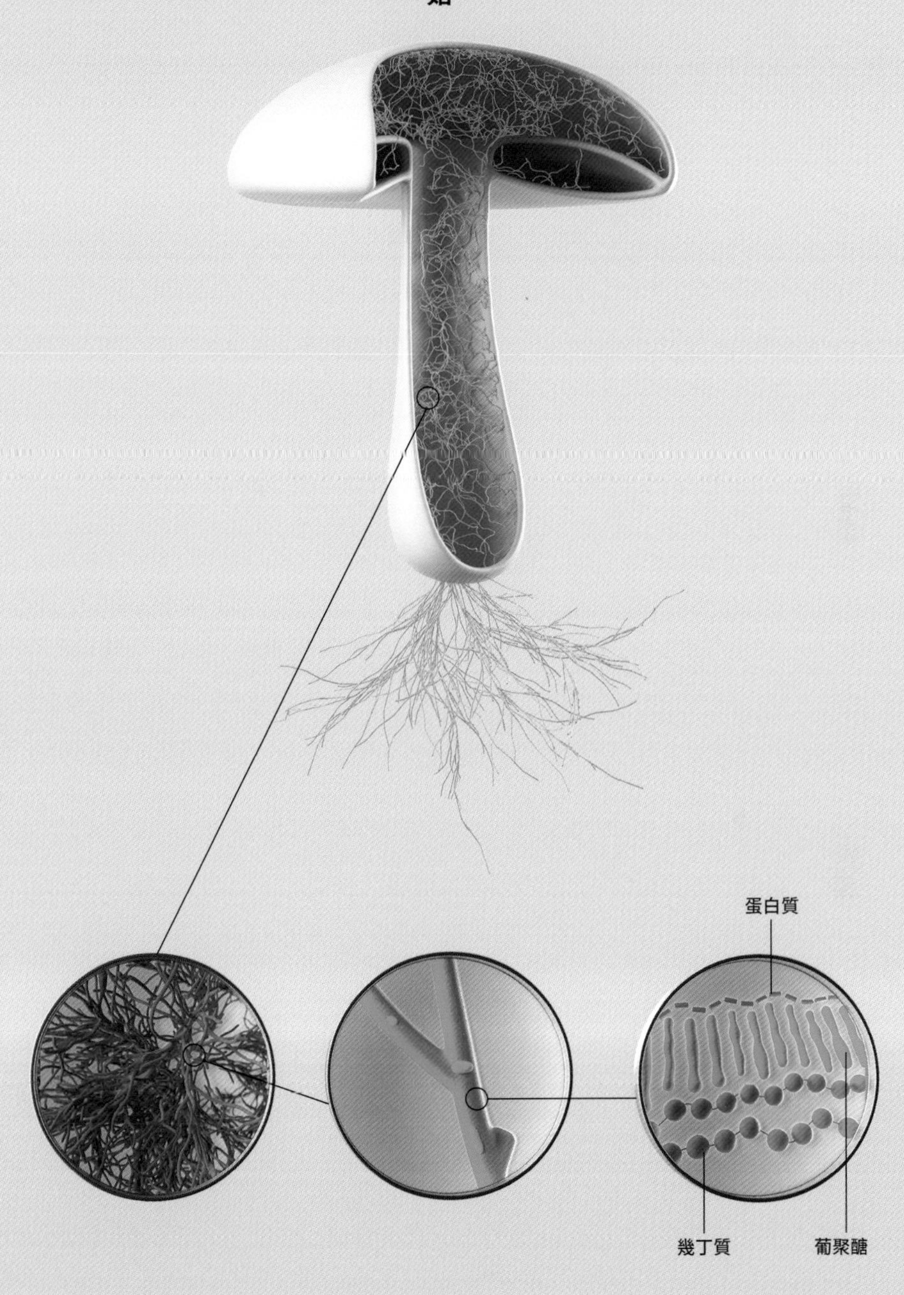
菇
蛋白質
幾丁質
葡聚醣
菌絲體
菌絲
細胞壁

爆發後的結果呢？長期壓力大所呈現出的症狀為消化不良、失眠、感染、免疫紊亂和無精打采。此時，我們可以藉由在日常飲食中攝取適應原，來幫助身體做出反應並適應這種不良的生活方式。在自然界中，菇類生長在極端和充滿挑戰的環境裡，因此形成了獨特的生存方式，所以當食用菇類時，我們也會獲得它們的適應性品質。菇類不直接針對疾病，但它們確實強化我們體內的生態系統。

未來發現的潛力

雖然我們在瞭解菇類的生物化學上已取得長足進展，但還離詳盡有好長一段路要走。資金限制和大型雙盲試驗的燒錢過程，讓發現速度變得緩慢。幸運的是，我們不必等待研究結果，在得知所食用菇類無毒且對免疫系統有益後，就能安全地將其納為飲食與營養補充品。

六角生物（Hexagon Bio）是應用DNA定序、人工智慧和數據科學加速真菌藥物發現的新一代製藥公司之一，目前有五千種真菌基因體，有機會創造出治療癌症或傳染病的新藥。如果沒有「六角生物」分析大數據的能力，篩選候選菌株的過程將變得極其緩慢。自然界中存在多達六百萬種真菌，而六角生物站在管理者的角色，管理著空前大量、可用於人類醫學的真菌化學物質。

未來藥物有可能從中產生，而這也突顯了保護真菌生物多樣性的急迫性。

3.3

研究與測試

用於冥想且寧靜的健康空間（Wellness Space）雖宣稱可以提升健康，卻缺乏來自學界的完整科學背書。相較之下，藥用菇類有著令人印象深刻、經過數百次動物實驗和實驗室研究彙編而成的履歷。雖然研究並非無可置疑，但對患者進行的數十項臨床試驗也證實了一些傳統用途的說法。不過，還是希望醫學科學能夠證實更多古代文化裡一些傳統真菌用途的原理。

真菌的健腦劑

大腦是身體的駕駛艙，發出超過一千億條神經為我們提供記憶、運動、愉悅、疼痛和一系列複雜情緒。當你閱讀此頁時，大腦正跨過多個區域建立即時連結，以便從這些文字理解和創造意義。

大腦雖僅占體重的2%，卻是一個飢餓的器官，消耗我們每日攝取能量的20%。如今，我們的大腦超時工作，這使得其表現出疲勞、腦霧、健忘和情緒不穩定。而像是阿茲海默症（Alzheimer's Disease）等神經系統疾病也正在增加，大約每三秒鐘就有一個人患上失智症。

科學上來說，隨著人的成長和衰老，大腦會自我重組並產生新的腦細胞。新神經元藉由被稱為神經新生（Neurogenesis）的過程，在負責長期記憶、學習和情緒穩定的海馬迴（Hippocampus）中發育。神經新生由一群統稱為「神經生長因子」的分子所調節，而且研究也指出，神經生長因子的缺乏與阿茲海默症有關。

兩項化合物的發現，致使白色絨球狀的猴頭菇開始引起科學家注意：一種是分離自子實體、被稱為「猴頭酮」（Hericenones）的化合物，另一種是來自菌絲體的化合物「猴頭素」（Erinacines）。在一項試驗當中，研究者透過餵食小鼠一定劑量的猴頭素，發現這種化合物會促進神經生長因子提升，並增加大腦中神經傳遞物質的量。

當給人類口服時，這些化合物很容易就能穿過血腦屏障，這也表示神經生長因子的合成被活化了。此一結果令人興奮，苦無治療方法的阿茲海默症如今有了一線希望。雖然沒有確鑿的證據，但少數人體臨床試驗和動物研究持續指出，猴頭酮和猴頭素會刺激神經細胞，並能藉著神經保護的特性改善認知功能。

2008年，一項雙盲、設有安慰劑對照組的人體臨床研究顯示，猴頭菇可以改善輕度認知障礙。[69]實驗規劃一組年齡介於五十至八十歲之間、有輕度認知障礙的男性和女性，每日服用猴頭菇三次、每次服用1公克的乾燥子實體，持續十六週。在測試時，與服用安慰劑的控制組相比，他們在八週、十二週和十六週後的認知功能有顯著改善。補充劑停止四週後，參與者的分數開始下降。在2019年的一項後續研究當中，猴頭菇再次顯示出認知功能的顯著改善。[70]，根據該研究結果，猴頭菇具有讓大腦中神經網路再生的潛力，且這些結果在整個研究過程中是一致的。

雖然其他研究也證實了猴頭菇促進神經生長因子的能力，但尚不清楚該結果是否來自猴頭酮的影響。[71]猴頭菇子實體內尚未鑑定的化合物，也可能是造成這些正面影響的原因。

研究還顯示，強大的免疫系統可以對大腦產生正面影響。當免疫系統對感染或受傷做出反應時會引發炎症，這是防禦、修復和治癒身體的訊號。2019年的一項研究指出，全身性炎症會導致成年後認知能力下降。要有健康的大腦，亦須健康的身體作後盾，因此含有具免疫調節作用的β-葡聚醣的真菌也可能有益於大腦和認知。[72]

以真菌增強體力

在維持能量方面，我們都在尋找靈丹妙藥。能量飲料很容易買到，但大多數品牌都含糖，只能提供短暫的能量峰值。不過，我們仍有一種無副作用且非常有效的天然替代品——蟲草（Cordyceps）。蟲草指的是「冬蟲夏草」（*Ophiocordyceps sinensis*）和「蛹蟲草」（*Cordyceps militaris*）這一類真菌。

冬蟲夏草意指「冬天是蟲，夏天是草」，是一種被稱為蟲草的寄生真菌，在冬天時感染蝙蝠蛾幼蟲，進而將蟲轉變成藥用真菌，然後在夏天出菇後被採集。蝙蝠蛾幼蟲在土壤中冬眠的時候，孢子就在其身體上悄悄地發芽，菌絲體會在整個蟲體內生長、吃掉蟲的內臟，然後由蟲的頭部萌芽長出棒狀子實體。最後，真菌與毛蟲的身體（實際只剩下毛蟲皮囊）一起被掠食者（也包括人類）吃掉。

雖然有些奇怪，但冬蟲夏草卻是中醫中最受讚譽的藥物之一。自西元620年以來，其便被用於增強能量、活力、耐力甚至性慾。冬蟲夏草亦被認為可以滋陰補陽，換句話說，其適應原特性可以平衡身體以應對壓力。對冬蟲夏草的持續需求，使其價格高達每公斤兩萬美元，並成為世界上最昂貴的真菌之一。

如今，人工養殖的蛹蟲草變種已經可以部分滿足對冬蟲夏草的需求。這種新栽培的物種，不但與冬蟲夏草具有相似的益處，也能舒緩冬蟲夏草棲息地的採集壓力，具生態學上的正面意義。傑夫・奇爾頓解釋，十年前「他們養殖了蛹蟲草，但沒有將它養殖在任何昆蟲身上。它就只是菇、沒有蟲體，而且價格合理，現在已經有可能將其帶入營養補充品的市場中。」[73]將一種菇類引入商業種植是一件罕見的事情，而蛹蟲草明顯地促進了增強能量的藥用菇類產業發展。

2018年，一項雙盲、設有安慰劑對照組的研究顯示，在補充蛹蟲草三週後，參與者提高了他們對高強度有氧和無氧運動的耐受性[74]，包括他們的最大攝氧量（VO2 Max，身體在運動過程中可以使用的最大氧氣速率）的顯著改善。研究結果顯示，與安慰劑組相比，最大攝氧量增加了11%，顯示持續補充蛹蟲草可增加益處。

2010年，另一項研究針對二十名年齡介於五十到七十五歲的健康成年人，測試其有氧運動表現。[75]在補充一種名為Cs-4的冬蟲夏草菌株萃取物十二週後，參與者的代謝閾值增加了10.5%。這表示他們可以在不疲勞的情況下進行更高強度的鍛煉。此外，他們的換氣閾值也增加了8.5%，即導致肌肉疼痛和痙攣的乳酸積聚會延後發生。

2016年的一項研究顯示，使用冬蟲夏草可以提高男性和女性的性慾和性能力。[76]值得注意的是，他們讓二十二名男性持續服用八週的研究裡，數據還顯示精子數量增加了33%、精子畸形減少29%以及精子存活率增加79%。這些研究支持了中國長期以來的信念：冬蟲夏草可以提升能量、活力、耐力和性慾。

眞菌的癌後援助劑

我們的DNA會按照指令對體內的每個細胞進行編碼，細胞被告知該做什麼、何時分裂以及何時死亡。大量細胞持續不斷地被複製，就有可能會出現錯誤，造成一些細胞停止遵循指令，反而不受控地迅速分裂並形成異常細胞，而這些異常細胞積聚成的組織塊，就變成所謂的腫瘤。不過也別擔心，因為當免疫系統正常運作時，這些受損或發生故障的細胞會迅速被處理、清除。如果很不幸地這些細胞沒有被免疫系統偵測到並持續增殖，那麼癌症就開始了。

免疫療法是最新的癌症療法，目的是觸發人體免疫系統來摧毀癌細胞。這與直接殺死癌細胞的化學療法和放射療法不同，免疫療法可以啟動人體強大的免疫系統來完成其原本就該進行的工作，免疫療法藥物則利用免疫系統的自然力量來識別、記住和消除癌細胞。

免疫療法還可以與其他療法合併使用，以進一步改善結果。來自藥用菇類的β-葡聚醣就是已知的免疫系統增強劑，可以增加免疫細胞活性，提高身體對癌細胞做出反應的潛力，並有助於防止細胞突變。以真菌進行癌後支持計畫的人體臨床試驗大有前途，而且β-葡聚醣也被證實，其對癌症治療期間和之後的免疫反應有所助益。這些在藥用菇類中發現的化合物就是所謂的免疫藥物，過去三十年裡在亞洲不斷被用作傳統癌症治療。

雲芝又稱「火雞尾」，被認為是最有效的藥用菇類之一。在1960年代，日本科學家從雲芝菌絲體中分離出一種名為克速鎮（Krestin PSK）多醣的β-葡聚醣。使用克速鎮作為輔助藥物的人體臨床試驗始於1970年代，目的是為接受手術、放療和化療者創造更強的免疫反應。該研究發現，「克速鎮顯著地延長了胃癌、結腸直腸癌、食道癌、鼻咽癌和肺癌（非小細胞類型）以及一部分乳腺癌的五年（或以上）存活率」。[77]到了1977年，克速鎮被日本醫藥部批准為處方用藥，用於治療癌症，十年後成為日本抗癌藥物銷售額達四分之一的熱門用藥。

1980年代，中國科學家從雲芝中分離出一種類似於克速鎮、名為多醣肽（PSP）的化合物。在雙盲試驗中，多醣肽顯著延長了食道癌患者的五年存活率。它改善了70~97%胃癌、食道癌、肺癌、卵巢癌和子宮頸癌患者的生活品質，顯著緩解疼痛並增強免疫狀態。[78]

除了促進免疫細胞的產生，克速鎮和多醣肽還有助於緩解傳統癌症治療的副作用，例如化療引起的噁心和疲勞。多醣肽和克速鎮都具有良好的耐受性，患者幾乎沒有副作用。

雖然真菌不被用於一線癌症治療，但當它們成為整體健康計畫的一部分時，就會是抗癌藥物的強大盟友。

以眞菌作爲工廠

科學家還可以把真菌當作微觀工廠，用以製造原本必須取自自然界的藥物。就像酵母菌這種單細胞真菌被用來釀造酒精一樣，科學家們也可以用酵母菌來製造複雜的藥物。2018年，史丹佛工程師對釀酒酵母（一種勤勞的啤酒酵母）的細胞進行基因重新編程，以製造原本必須由罌粟中萃取的止咳藥諾司卡賓（Noscapine）。[79]

以酵母菌製造基本藥物，除了可以提高數倍生產效率，也可以不再依賴自然並創造一個更穩定的藥物原料供應方式。此外，真菌工廠的使用還解決了直接從植物和真菌本身生產藥物、必須消耗寶貴資源的生態和永續性等問題。如今，酵母菌被設計用於製造從胰島素到疫苗的一系列救命藥物，而這還只是個開始。

右圖：猴頭菇子實體通常生長在硬木樹上，有冰柱狀層疊的白色菌齒，非常引人注目。

3.4

食藥用途與營養補充品

藥用菇類產品充斥健康和營養補充品市場，並在網上和保健食品商店隨處可見。許多這些商品在包裝上使用令人印象深刻的銷售語言，但並非所有產品都有相等效果；培養方法、使用的真菌部分、生長介質和萃取過程都會影響品質。在使用真菌作為營養補充品之前，請先嘗試將菇類當成機能性食品。

食藥同源

食物是我們預防疾病的最佳工具。正確的飲食可增強免疫系統，讓我們不會缺乏維他命和礦物質，例如攝取菇類，裡頭就含有大量膳食纖維、抗氧化劑、維他命D、維他命B群、蛋白質和益生質。然而，絕大多數未經烹煮的生鮮菇或未煮熟的菇，人類是無法消化的。將菇煮熟食用是吸收活性物質的第一步，例如β-葡聚醣等藥用化合物會與真菌細胞壁中的幾丁質結合，這些活性化合物必須經過加熱才能被釋放，而加熱處理後也能使其在通過消化道時更易被溶解和吸收。這就是藥用菇類傳統上在食用前需熬煮幾個小時的原因。

好消息是，許多「烹飪系」的菇類，例如香菇、金針菇和蠔菇越來越容易獲得，且無需長時間準備即可提供大量健康益處，因此可以利用燒烤、炒或加到湯品之中，作日常飲食之用。

營養補充品

對於正在尋找特定藥用益處的人來說，菇類營養補充品（或營養保健品）為常規西方醫療提供一種受歡迎的替代方案。從子實體或菌絲體萃取的化合物所製成的營養補充品，具有低毒性（即使在高劑量下也不會有毒性）與幾乎沒有副作用的特性。但菇類營養補充品不是靈丹妙藥，無法替代優質睡眠、營養飲食、定期鍛煉或其他健康的生活方式。菇類營養補充品也不是什麼快速解決方案，比較像是一種長期投資。

由於藥用菇類的作用範圍更廣、症狀更少，因此需要更長的時間才能反映到身體的變化上。許多草藥從業者建議，服用藥用菇類至少需要三個月，才能確保療效發生。

草藥從業人員還經常建議，針對身體不同地方的需要，要在不同的藥用真菌物種間做切換，或組合不同藥用真菌物種一起服用。至今，還沒有結論性研究指出免疫系統會對來自真菌的活性化合物產生耐受性，所以更換食用物種並非必需。給初回使用者的建議是，可以在服用所選菇類營養補充品幾週後觀察所有效果，再決定是否需要更換菇類。

子實體與菌絲體

真菌的哪一部分（菌絲體或子實體）才是用於營養補充品的最佳選擇？這個問題始終存在諸多爭論，然而這不是我們真正想問的，更重要的是：營養補充品中有多少活性化合物（例如β-葡聚醣）具有生物可利用性？菇類營養補充品的形式並不重要，品質好壞的關鍵，反倒是所標示藥用化合物的生物可利用程度。

菌絲體含有對人體有益的化合物，這些化合物並不比子實體中的化合物更好或更差。研究顯示，β-葡聚醣可以在子實體和菌絲體中找到，只是在子實體中能得到更高的濃度。同一項研究發現，市面上許多菌絲體營養補充品原料皆長於糙米穀物上[80]，所以通常這些穀物會與菌絲體一起加工製成最終產品，從而降低實際真菌的比例。不幸的是，許多標榜為藥用菇類的產品，卻充滿穀物中的澱粉，如此一來便會降低藥用效力。購買產品時，請查看標籤上的β-葡聚醣百分比含量[81]（不過很少有公司會在產品上提供這些資訊就是）。

最後，重要的是要注意，在研究和購買菇類營養補充品時，經常會看「子實體」，這和產孢體（sporing body）有時是同一事物的不同名稱，都是指真菌的菇部分。雖然子實體仍被廣泛使用，尤其是在健康和福利產業上，但子實體（產孢體）通常被認為是真菌學中的首選術語，因此我們在整本書中都傾向使用這個字。

如何製作你的營養補充品

就營養保健品而言，最可靠、消費者負擔得起且可持續的選擇，是自行種植菇類並從中萃取藥物。使用低技術門檻的方法在家種植菇類是健康普及化的實踐。以下是一些久經考驗、從子實體中獲取活性化合物的真實技術。我們從最簡單的方法開始說起，然後逐漸增加複雜性：

熱水萃取

加入熱水是從菇類萃取藥用化合物的簡單方法，因為菇類中的β-葡聚醣易溶於水。與大眾看法不同的是，熱水萃取法也會萃取出一些三萜類化合物。傑夫・奇爾頓對此解釋：「你所要做的就是給自己準備一些靈芝，把它們切碎，然後放到熱水裡煮三個小時，看看它的味道有多苦。苦味來自大多數溶於水的三萜類化合物。」[82]

1. 將新鮮或乾燥菇類切成小塊，然後在至少70°C的水中熬煮至少六十分鐘（水與菇類的比例為10：1，萃取效果最佳；熬煮時間越長，萃取物濃度就越高）
2. 一旦液體變成深色，過濾混合物以將液體萃取物和菇類剩餘物分離，液體萃取物即可食用
3. 剩餘物部分可以再加水重複這個熬煮過程，直到菇類不再使液體變色
4. 以茶、湯或任何你喜歡的方式飲用（推薦劑量為1~2毫升滴劑，每天一或兩次，視情況而定）

酊劑

酊劑是利用酒精萃取、保存菇類中藥用化合物的方法。藥用菇類中某些不溶於水的萜類化合物，就必須用酒精來萃取。酒精比水吸收更多的脂溶性化合物（萜烯），而且在保持效力的同時還能延長保存期限。

酊劑通常採用冷萃取工藝製成，也就是將菇類浸泡在酒精中兩週，然後過濾。這種方法可以追溯到一千年前的埃及，當時人們藉由將草藥浸泡在酒精中來製作酊劑。

1. 將新鮮菇類（或將乾貨泡水後）切成小塊、放入攪拌機中，用高酒精度的食用級酒精（要至少是40度，但最好是95度）做浸泡
2. 以攪拌機攪拌此混合物20秒
3. 將混合物倒入罐中，並加入更多酒精以確保菇類至少被液體覆蓋3公分
4. 關緊罐子，讓其靜置兩週（每日搖動罐子有助萃取）
5. 過濾混合物並將液態酊劑倒入滴管瓶中
6. 將滴劑滴在舌下或將它們混入茶、咖啡或其他飲料中服用（推薦劑量為1~2毫升的滴劑，每日一或兩次，視情況而定）

雙萃取酊劑

結合水萃取和酒精萃取法，可產生更有效的酊劑。市面上大多數菇類營養補充品都採雙重（或雙倍）萃取，是從藥用菇類中獲取更大益處的最佳方法之一。

1. 參照熱水萃取法製作萃取物
2. 使用上一步驟中的菇類剩餘物，按製作酊劑的方法進行操作萃取物
3. 將兩種液體混合入滴瓶中
4. 將滴劑滴在舌下或將它們混入茶、咖啡或其他飲料中服用（推薦劑量為1~2毫升，每日一次或兩次，視個人喜好而定）

濃縮萃取粉劑

製作濃縮萃取粉劑需執行一些額外步驟。這些化合物需要先在液體中萃取，然後再磨碎食用。粉末並非由磨碎的乾燥子實體製成，這種形式下的藥用化合物無法被生物利用[83]。

1. 將菇類切成小塊，放入鍋中加水熬煮幾個小時（水與菇類的比例為10：1）
2. 混合物冷卻後，將其絞碎混合成麵糊狀
3. 在食物烘乾機中加熱這麵糊狀混合物，或將烤箱門開啟輕輕烘烤，以便水分消散
4. 將所得到的乾物質研磨成細粉
5. 將粉末混入茶、咖啡或其他飲料中服用（推薦劑量為5毫升，約4公克，每日服用一次）

營養補充品購買須知

傑夫・奇爾頓
Jeff Chilton

藥用菇類營養補充品的市場經歷了爆炸式的成長，但品質管控標準卻很少。營養補充品可能很昂貴，但它們通常所含的有益化合物，與人體臨床研究中所使用的量不相等。這些入門要點可以幫助你在購買菇類營養補充品前審慎評估。

採購

瞭解你所購買的產品是否由純真菌製成，是很重要的一件事。大多數菇類營養補充品在中國生產，這裡生產了全球85%的菇類，且在使用藥用菇類方面有著悠久的歷史。但是，無論菇類是在亞洲、美洲還是歐洲種植，並非所有菇類都能達到高品質標準，因此有必要進行一些研究。

基質與萃取介質

優質菇類生長在木質培養基上，這對生產所需的藥用化合物很重要。在液體中生長並的菌絲體可以提供類似的藥用價值，但必須小心那些菌絲體長於穀物的產品。穀物含有大量澱粉，一旦長了真菌，就很難將菌絲體與基質分離，因此通常會將兩者一起加工。也就是說，大量澱粉最終會成為菇類營養補充品的主要成分，從而降低產品的藥用價值。

許多美國公司在無菌穀物上生產菌絲體，並將其產品稱為「菇」。仔細查看標示，如果上面寫的是長有菌絲體的米或燕麥，也就是在穀物上生長的菌絲體，這就不會是你想要的產品。為了得到最佳效果，純菌絲體或菇類萃取物會是最佳選擇。你可以透過下面的碘測試來，進一步瞭解產品是否含有穀物。

萃取方法

如果可以，請花點時間瞭解每項產品中營養成分是如何被萃取出來的。大多數菇類營養補充品都是熱水萃取物（也是單次萃取），因為這樣就可以濃縮重要的β-葡聚醣。但是靈芝和白樺茸等三萜類含量高的菇類，就應該要進行結合熱水和酒精的雙重萃取才能達到最佳結果，因為一些有價值的三萜類不溶於水，而必須用酒精才能萃取出來。

當心未經加工的乾燥菇粉，因為其有益化合物含量很低。如果你要購買酊劑，則應檢查瓶子中的水或酒精含量。酊劑主要是液體，與萃取物粉末相比的話，有效成分量會因為稀釋而變少。

傑夫・奇爾頓於1960年代末在華盛頓大學學習民族真菌學（Ethnomycology），於1973年開啟長達十年的大型商業菇類種植者職業生涯，並於1983年合著《菇類栽培者》一書。奇爾頓於1989年成立納美斯，是首個向營養補充品行業提供藥用菇類萃取物的公司，而後在1997年組織中國首個菇類生產有機認證研討會。傑夫還是「世界菇類生物學暨菇類產品學會」（World Society for Mushroom Biology and Mushroom Products）的創始會員，也是「國際菇類科學學會」（International Society for Mushroom Science）的成員。

活性化合物的效力

所有菇類都含有多醣，其中一種重要的多醣便是β-葡聚醣，可以試著在產品標示上查找β-葡聚醣的實際含量。要注意，產品標籤上高百分比的多醣含量，其實與β-葡聚醣是否含量高無關。產品通常與作為穩定劑的多醣賦形劑混合，但這些多是α-葡聚醣和澱粉，所以多醣不是有效物含量的品質保證。所有產品都應明確標明β-葡聚醣的百分比，至少要20%才能堪稱優質。

三萜類化合物僅存於特定物種中，例如靈芝和白樺茸。一些菇類營養補充品會指出三萜類化合物的含量，強調含量越高、品質越好。對商業靈芝產品進行的測試顯示，三萜類化合物含量從未檢出到7.8%不等。靈芝的苦味就是來自這類化合物，如果你嚐不到濃烈的苦味，那就不是靈芝。

使用醣類檢測分析試劑和碘檢測進行測試

美國食品和藥物管理局（FDA）監管產品的清潔與安全製造，但很少干預是否有功效，所以品質管制仍處於初步階段。一些公司使用國際公認的醣類檢測分析試劑來測試他們的產品，該檢測可以測試β-葡聚醣和澱粉的含量。在購買任何產品之前，請查明是否有測試報告。

如果想自己進行測試，碘測試是確認粉末是否含有澱粉的簡單方法。將2~3公克或六粒膠囊粉末加入四分之一杯水中，攪拌一兩分鐘。之後加入10滴標準碘溶液攪拌。純菇類營養補充品應該只會稀釋碘的顏色，但如果液體變成黑色或藍色，則表示澱粉含量高。

靈芝

GANODERMA LINGZHI

俗名

茸靈芝（意爲神聖之菇），日文則有れいし（意爲神靈之菇）和まんねんたけ（意爲萬年之菇）

科	靈芝科
屬	靈芝屬
種名意義	靈芝

種名*Ganoderma*意為「閃亮的皮膚」，指的是其具有光澤的紅色表面，呈扇形展開並成簇或成排生長。如同所有多孔菌，靈芝的菌傘下沒有菌褶，而是藉由細孔來釋放孢子。野生靈芝稀少難尋，所以每公斤售價超過五百美元。然而，由於利用硬木原木和木屑的成功種植，任何想增強免疫系統又不希望傾家蕩產的人，現在都能享用到靈芝了。

歷史與文化

靈芝啟發東方藝術、醫學、靈性和神話至少兩千五百年。由於被認為可以強心、安神，補充身、心、靈的能量，所以又被稱為「長生不老菇」。靈芝一開始被西方真菌學家鑑定為亮蓋靈芝（*Ganoderma lucidum*），直到DNA分析後才確認兩者為不同物種；亮蓋靈芝為歐洲物種，不生長於亞洲。靈芝與亮蓋靈芝的差別很小，前者菌傘下的核心層是黃色的，後者則是白色的，但它們具有同等的藥用價值。

特性

食用面

可食用。由於靈芝非常堅韌、木質且苦澀，不建議以原始形式食用。通常磨碎並煮成茶或酊劑，而非煮熟作爲食物。

藥用面

可供藥用。含有超過三百種藥用化合物，尤其富含 β- 葡聚醣。由於其歷史用途廣泛，在亞洲享有萬靈丹的美譽。目前正被研究開發成藥物，包括抗生素、抗病毒藥物、抗癌化合物、血壓藥物和抗氧化劑。

精神活性

無。

環境修復能力

無，但它的歐洲表親亮蓋靈芝已成功用來復育那些受重金屬、殺蟲劑和石油碳氫化合物汙染的環境。[84]

子實體特徵

菌傘

- 2~30 公分寬
- 4~8 公分厚
- 圓形至扇形不等
- 棕色、紅色、橙色、黃色和白色條紋
- 表面有溝槽紋路且光亮
- 質地堅硬或如皮革質地

菌孔

- 白色至棕色
- 每公厘 4~7 個

菌柄

- 3~15 公分高
- 0.5~4 公分厚
- 深紅色至紅黑色
- 可能呈光亮貌
- 可能沒有菌柄

孢子

- 紅棕色
- 橢圓形

野地描述

棲息地

生長在腐朽的落葉喬木上，尤其是楓樹。

分布範圍

亞洲。

產季

全年。

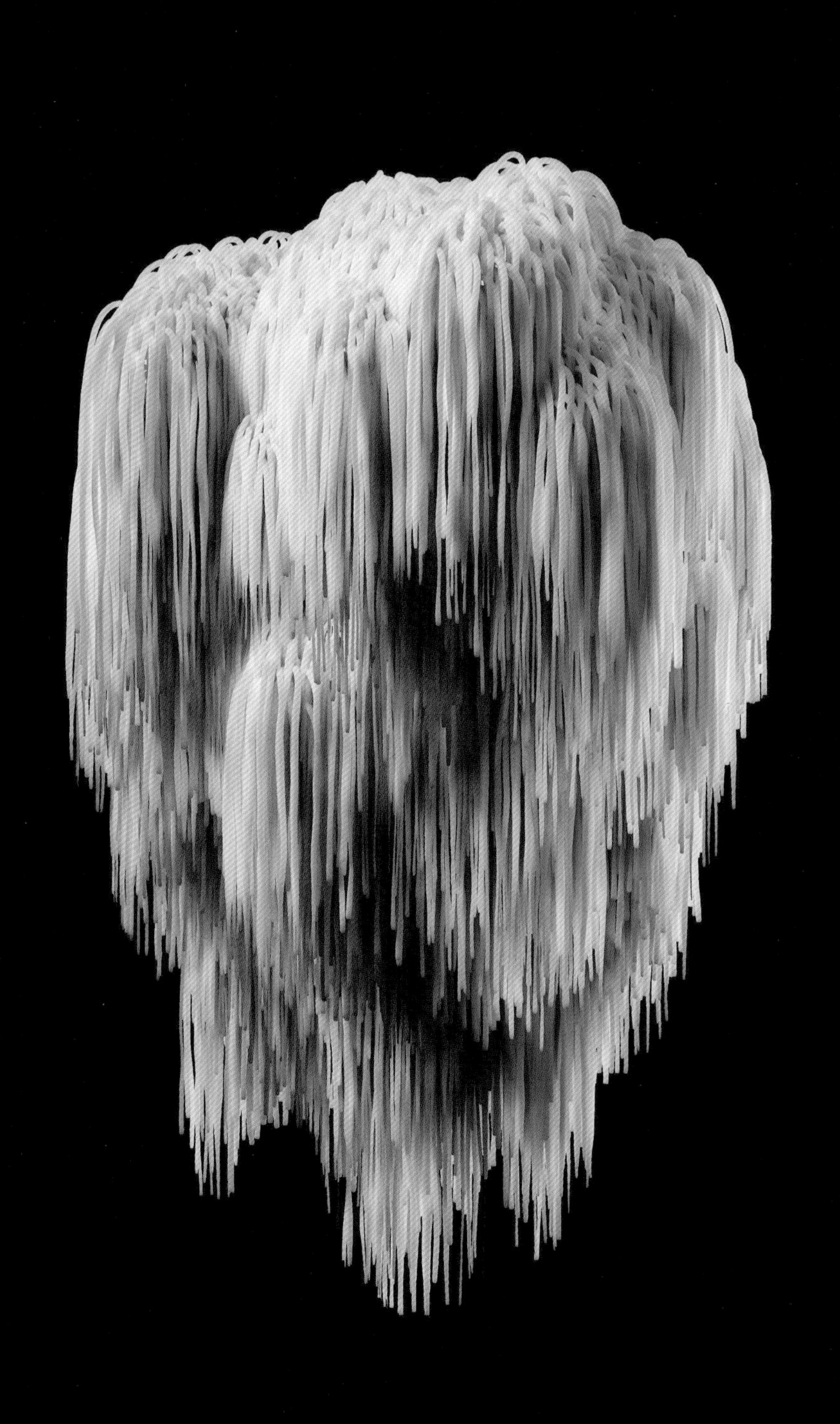

猴頭菇

HERICIUM HERINACEUS

俗名

獅鬃菇、老翁子菇、猴菇、鬍鬚齒菇、鬍鬚刺蝟菇、澎澎菇、猴頭菇、鬍鬚齒菌（ヤマブシタケ）

科	猴頭菇科
屬	猴頭菇屬
種名意義	刺蝟

在野外，猴頭菇主要生長在朽木上，但也可以寄生於活樹。這個帶有密集懸垂冰柱的白色絨球很難不被注意到，其美觀且味道鮮美，具有悠久的藥用歷史。猴頭菇屬的所有品種均可食用，趁著幼嫩且顏色純白時食用為佳。

歷史與文化

猴頭菇在中國和日本傳統上，已被當作一般保健補品使用達數百年之久。過去二十年，由於栽培方法進步，使其更容易用於研究和消費。現今，可以在農產市場買到新鮮的猴頭菇，或在亞洲雜貨店買到乾燥版本，保健品商店也買得到粉末狀產品。如果想追求猴頭菇的藥用效果，一定要確保產品為純菌絲體或子實體萃取物。

特性

食用面

可食用。非常美味，具有甜味與堅果味，還有龍蝦或螃蟹這類海鮮的質地。

營養概述

一份 100 公克未經加工的猴頭菇含有 35 大卡熱量，由 89% 的水、8% 的碳水化合物、2% 的蛋白質和不到 1% 的脂肪所組成。富含維他命，提供 20% RDI 的維他命 B 群，以及鐵和鉀等礦物質。

精神活性

無。

藥用面

可供藥用。含有強效萜烯類化合物和 β- 葡聚醣，也已針對神經保護和神經再生特性進行人體臨床試驗。目前猴頭菇還沒有確鑿的神經保護證據，但被當作保持神經健康和刺激免疫系統的營養補充品，廣泛銷售。

環境修復能力

無。

子實體特徵

菌體

- 寬與高約 10~75 公分
- 圓形
- 白色到黃色

菌齒

- 向下垂的軟刺
- 白色到黃色
- 1~6 公分

孢子

- 白色
- 圓形

野地描述

棲息地

生長在如橡樹、山毛櫸、胡桃木和楓樹等硬木樹的開放傷口上。

分布範圍

遍布北半球。原產於北美、歐洲和亞洲。

產季

夏、秋。

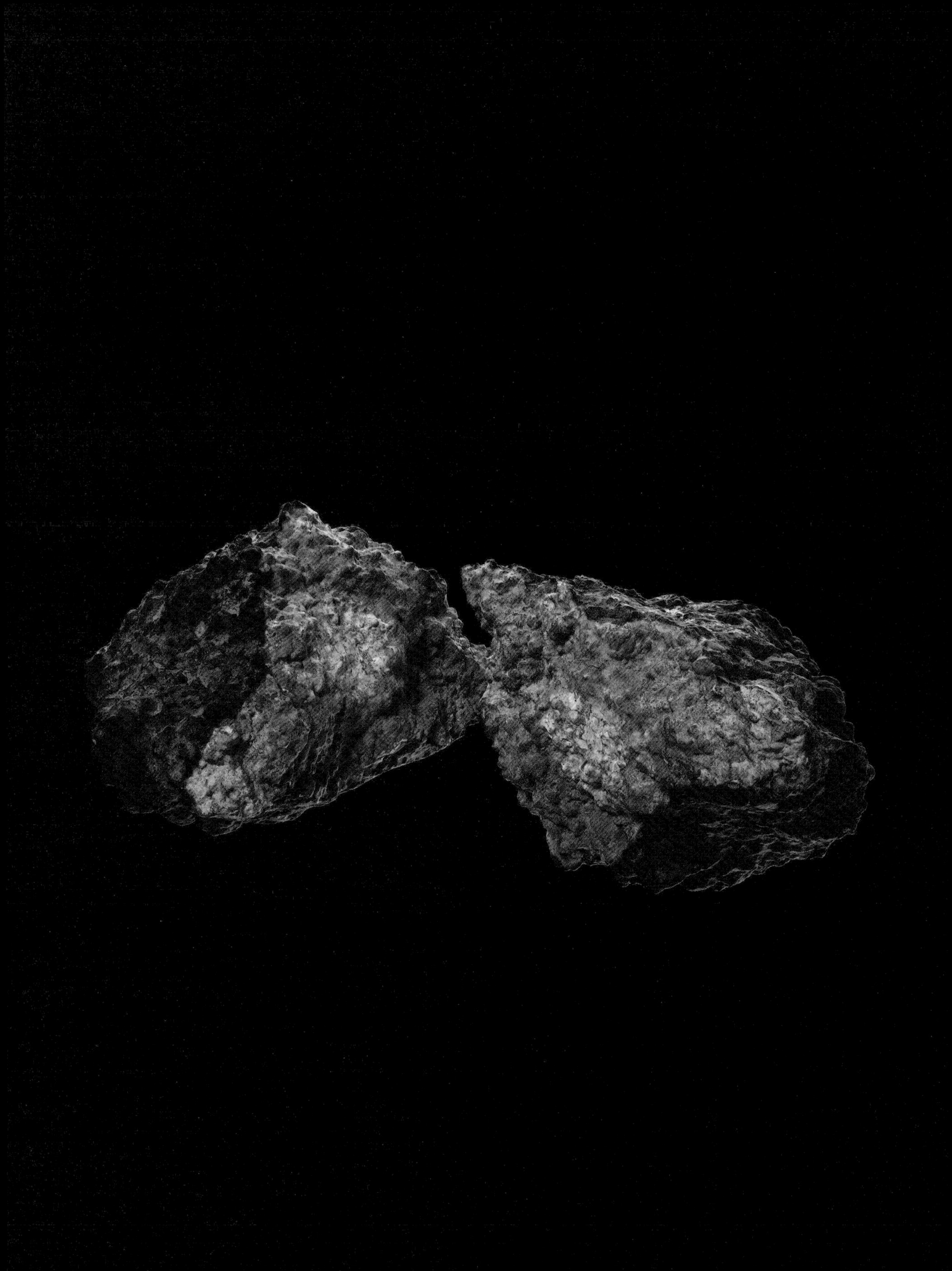

白樺茸

INONOTUS OBLIQUUS

俗名

白樺茸、煤渣孔菌、假木蹄層孔菌、啄木鳥茶、樺樹菇（カバノアナタケ）

科	刺革菌科
屬	織孔菌屬
種名意義	側身的

白樺茸生長在樹的兩側，外觀是一個不起眼的黑色團塊（非子實體），以不孕子實層的形式在原生地區的惡劣氣候中生長。子實層是緻密菌絲體形成的菌核與樹木組織的混合物，將子實層打開後，裡面是美麗的金黃色質地。白樺茸也堪稱藥用黃金，數百年來被當作滋補品。

歷史與文化

白樺茸不僅是很有效的藥用真菌，磨碎後泡成茶飲亦有濃郁、自然，微苦的堅果和香草味，喝起來就像巧克力和咖啡一樣，而且還和咖啡一樣有提神效果。因此，在咖啡和糖都短缺的第二次世界大戰期間，白樺茸就被人們用來作為咖啡替代品。如今，白樺茸因提升免疫力和抗氧化的功能，成了全球廣受歡迎的健康營養補充品。對咖啡因敏感的人來說，它是咖啡的絕佳替代品，可以從信譽良好的供應商那兒買到一大塊來沖泡作茶飲。

特性

食用面

未經加工不可食用。傳統上會將其研磨，並煮成茶或酊劑。

藥用面

可供藥用。傳統上，俄羅斯和北歐居民會將其當作一般保健品用，亦可治療癌症、肝臟和心臟病，以及消化問題。在俄羅斯，它還被開發成一種名爲靶酚精（Befungin）的許可藥物。

精神活性

無。

環境修復能力

無。

子實體特徵

菌體

- 寬與高介於 25~40 公分
- 形狀不定
- 黑色
- 表面會出現裂痕
- 質地堅硬

菌孔

- 深黑至白色
- 每隔 3~5 毫米就有一個

孢子

- 白色
- 橢圓形

野地描述

棲息地

這是一種入侵老樹樹皮的寄生眞菌，幾乎只生長在白樺樹上，但有時也可以在榆樹和角樹上發現它們的蹤跡。

分布範圍

分布於靠近北極的寒冷地區，如俄羅斯、東歐和中歐、加拿大和美洲東北部。

產季

全年。

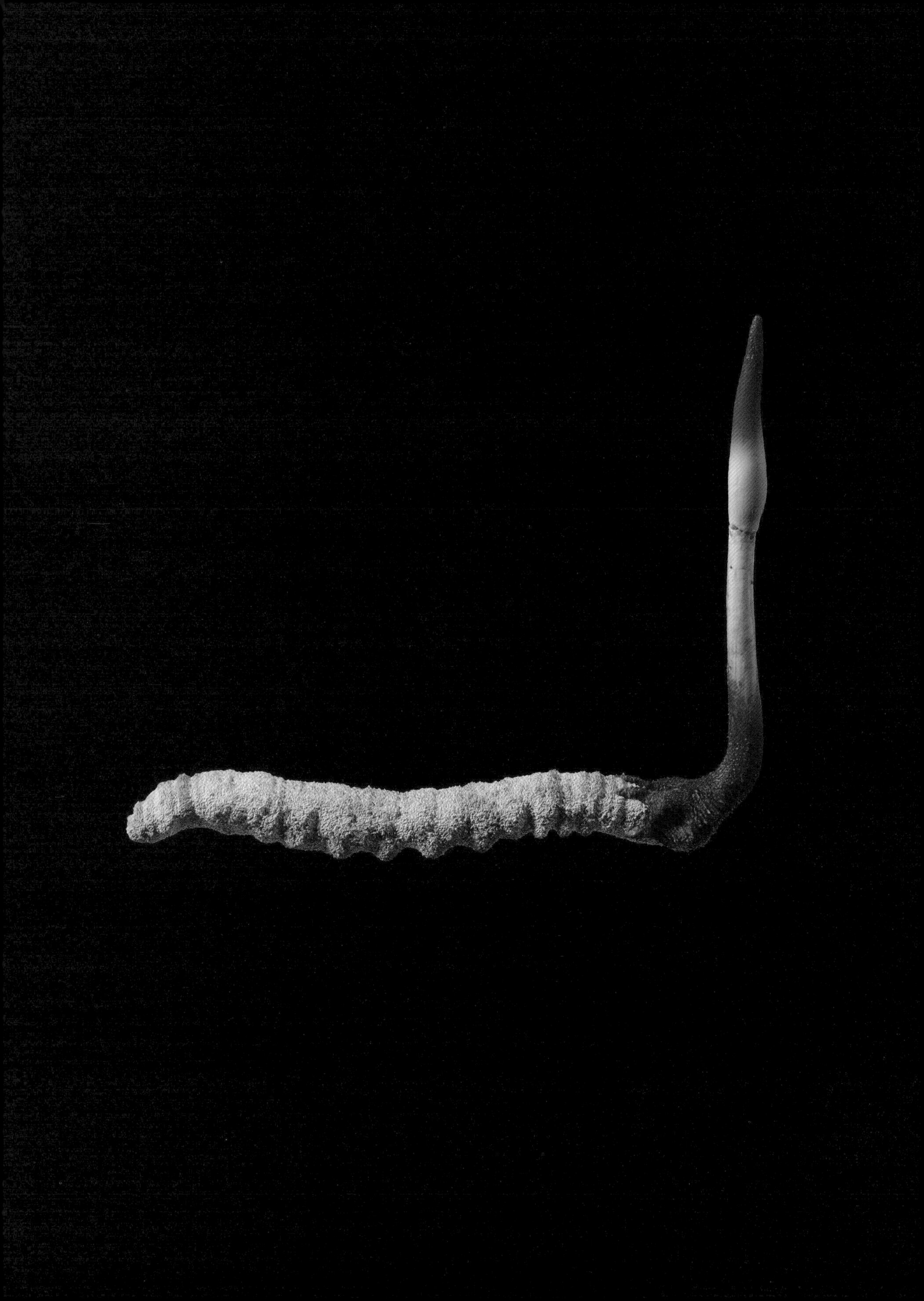

冬蟲夏草

OPHIOCORDYCEPS SINENSIS

俗名

蟲草、冬蟲夏草

科	線蟲草科
屬	蛇形蟲草屬
種名意義	來自中國

蛇形蟲草屬是一個殘暴的真菌屬，經過演化後以活昆蟲為食，尤其偏愛蝙蝠蛾的幼蟲（它會吃掉蟲的內臟，然後接管牠們的身體）。中文名稱意為「冬天是蟲，夏天是草」，因為孢子在冬天發芽、菌絲體長滿蟲的全身，到了夏天，棒狀子實體就會從毛蟲的頭部竄出生長並冒出地面。採集者可在夏天找到冬蟲夏草，然後食用整個子實體以及與其連接的蟲體（已充滿緻密菌絲體結構，蟲的部分僅剩外皮）。

歷史與文化

冬蟲夏草在亞洲有著豐富的藥用歷史，不斷增長的需求量和持續減少的供應量，讓它成了世界上最昂貴的寄生蟲，價格更超越黃金。喜馬拉雅山脈及其附近的家庭，會在五、六月時離開原居住地前往採集冬蟲夏草。他們用手肘和膝蓋爬行，一步步穿過高原，為的就是要找到棒狀子實體。收穫冬蟲夏草是數十萬人的重要生計，每年工作兩個月就能抵全家餘下的十個月生活開銷。不幸的是，過度採伐和全球暖化正影響著這個脆弱的高原生態系統，目前也尚無適當的保育政策可以進行。

特性

食用面

可食用，但多爲藥用而非作爲珍饈。

藥用面

可供藥用。在亞洲廣泛使用，能提高能量、活力和運動表現，也稱爲「喜馬拉雅威而鋼」作壯陽藥用。

精神活性

無。

環境修復能力

無。

子實體特徵

頭部

· 1.5~2.5 公分長
· 3~5 公厘寬
· 圓柱形到棒狀不等，尖頭
· 黃色至棕色
· 乾燥，小子囊開口形成的顆粒狀

菌柄

· 2.5~8.5 公分長
· 0.15~0.3 公分厚
· 黃色、棕色或黑色
· 平滑、有脊狀線
· 與木乃伊化的蟲體相連接

孢子

· 白色
· 橄欖狀

野地描述

棲息地

高海拔土壤。孢子會感染在土壤中以植物根部爲食的毛蟲。

分布範圍

分布於喜馬拉雅山脈海拔三千五百公尺以上的地區。

產季

夏。

雲芝

TRAMETES VERSICOLOR

俗名	
火雞尾、雲芝（意爲雲菇）、瓦菇（カワラタケ）	
科	多孔菌科
屬	栓菌屬
種名意義	有多種顏色

種名*Versicolor*意為「有多種顏色」，顧名思義，雲芝扇子般的子實體打開後常帶有不同的帶狀棕色、棕褐色、藍色、灰色或白色，生動地就像火雞尾巴。雲芝外型如層架或拖架，常見於樹根處呈現簇生或是排成列生長。其屬多孔菌，沒有菌褶結構，所以孢子由底部的孔中釋出。

歷史與文化

早在十六世紀中國明朝的《本草綱目》中就記載了雲芝的治療特性。時至今日，它仍然是最受推崇的天然藥物之一，被用於增強免疫系統、幫助排毒和提高生理和精神上的能量。雖然日本和中國自1970年代以來一直將其視為的癌症臨床療法，但人體臨床試驗的結果在西方世界仍無定論。

特性

食用面

可食用，堅韌的質地吃起來就像嚼口香糖。然而，也由於質地厚實，建議在熱水中煮沸後泡茶或煮湯服用。

藥用面

可供藥用。雲芝是臨床試驗最多的藥用菇類，當中含有在日本和中國用作抗癌藥物的多醣以及高含量 β-葡聚醣。在健康食品商店中可以買到粉末狀的產品，能幫助調節免疫系統、維護肝臟健康和改善腸道健康。

精神活性

無。

環境修復能力

此爲具有環境修復能力的白腐眞菌，會產生強效的酵素，可以去除重金屬，分解殺蟲劑、藥物和碳氫化合物等污染物。經多次測試顯示，雲芝在眞菌環境修復的應用中有極大潛力。[85]

子實體特徵

菌傘

- 2~10 公分寬
- 扇形
- 棕色、棕褐色、藍色、灰色和白色條紋
- 表面柔軟
- 質地堅硬或皮革質地

菌孔

- 白色到黃色
- 每公厘 3~5 個

孢子

- 白色到黃色不等
- 圓柱形

野地描述

棲息地

生長在枯死或腐朽的闊葉木上，例如橡樹、山毛櫸、楓樹和樺樹。偶爾也會在針葉木上發現。

分布範圍

除了南極洲，在每個洲的森林中都可見其蹤跡。

產季

全年。

PSYCH

PSYCHEDELICS

DELICS

致幻劑

PSYCHEDELICS

真菌能讓大腦形成新連結，並消除思維僵化的界限。使用來自真菌化合物的裸蓋菇素研究發現，67% 參與者將自身體驗列為此生最有意義的五件事之一，可與孩子的出生、摯愛的離世或婚姻相提並論。[86]

真菌能解放心靈

無論你是否願意提起，那些關於「存在」的深奧問題，還是會一直影響著我們的生活。大約一百四十億年前，恆星變成超新星並向宇宙大量投射構成我們的基石。[87]生命不但在微乎極微的機率下出現，而且還獲得意識的火花。這個由97%星塵所構成的身體，明確知道自己的存在。[88]

唯有透過意識，這個世界才會變得生動，就像一系列稍縱即逝又瞬息萬變的快照畫面。擁有數十億個神經元的大腦，可以將快照畫面之間的空白處填補起來。所謂的日常現實只是大腦劇院中的故事投影。我們活在未知的世界觀裡，被塘塞的故事催眠著。可是，在層層文化和社會條件之下，我們又是誰？我們的目的是什麼？任何有興趣揭開人類狀況複雜性的人，都應該對致幻劑感興趣，因為致幻劑替探索意識與共享生活經驗提供了一道門。

作為有意識的生物，我們可以思考和制定戰略，也是物質世界的主人。然而，我們的內心世界正在崩潰，孤獨、抑鬱和焦慮，且已達到流行病的程度。一切照舊顯然不夠，因為經驗與未經沉思之事塑造了我們，而且這個時代盛行的理性與反靈性態度，無法滿足我們對存在意義的渴望。

停下腳步想想，在日常生活的緊迫感之下，其實還是有著無限的愛、和平與連結棲息在我們內心深處，而致幻劑讓我們瞥見了這種可能性。這種彷彿覺悟的入迷感，曾經只有少數幸運者才能體驗，但現在可以藉由致幻菇或LSD（麥角酸二乙醯胺，一種強烈致幻劑）達到相同效果。致幻劑讓我們能超越個人身分，擺脫大腦精心規劃的無益故事，並消除自身內在和人們之間的界限。在致幻劑創造的空間裡，整個價值體系和信念得以重寫。與一般大眾的看法相反，其實致幻劑在正確的使用下是安全的，而且只需一次體驗就能療癒創傷；一切都是自然發生、無毒且不會上癮的。除了LSD之外，還有什麼其他化合物可以做到這一點呢？

其他典型的致幻劑化合物還包括仙人掌毒鹼、二甲基色胺（DMT），以及來自真菌的裸蓋菇素。在1960年代的嬉皮革命、現代科學之前，甚至在文字尚未出現的時期，我們的祖先就以致幻劑作為神聖儀式的核心，利用它來通靈。

英國心理師漢弗里・歐斯蒙（Humphry Osmond）因對LSD的開創性研究而聞名，他在自己的押韻詩〈一撮致幻劑，領會天與地〉中創造了「致幻劑」一詞。[89]在希臘文中，Psyche意為「靈魂」、Delos則為「顯露」，因此「致幻」的英文Psychedelic有「顯靈」或「讓靈魂出現」之意。而在近來，英文的Entheogen（宗教致幻劑，有「揭示內心的神」之意）這個術語，在儀式或宗教背景中亦可與Psychedelic互換使用。

科學證實，在高劑量下，致幻劑確實會引起靈性體驗。然而，靈性和靈魂等概念對那些長於西方社會的人來說可能很抽象，因為它們是看不見、摸不著、買不到也無法合理化的東西。也因為這樣，Psyche這個詞已經成為Mind（心靈）的同義詞，而致幻劑則通常被定義為Mind Manifesting，即「心靈體現」。

是時候讓社會與我們存在的心靈維度重新建立連結了，正如著名美國天文學家、普利茲獎得獎者和科學推廣者卡爾・薩根（Carl Sagan）所推斷，「科學不僅與靈性相容，也是靈性的湧泉。當我們在以光年為尺度的浩瀚宇宙以及歲月的流逝中認清自己的定位，或領悟到生命的錯綜複雜、美麗和微妙時，那種翱翔的、欣喜若狂和謙卑相結合的感覺，無疑來自靈性。科學和靈性在某種程度上相互排斥的觀念，對兩者都不利。」[90]

在現代歷史上，致幻劑與社會運動和政治動機交織在一起，也因此直到1970年代為止，世界各地都還禁止致幻劑的使用。我們錯失了數十年，去發展一種可以引導公民有效使用致幻劑的文化機會。值得慶幸的是，致幻劑的光芒再次明亮地閃爍起來，因為敬業的研究人員、醫師和倡導者正以合法的科學研究為「讓大眾接受致幻劑」鋪平道路。裸蓋菇素在美國已進入第二期臨床試驗階段，而且有更多致幻劑相關公司已經上市，非刑事化和合法化運動也取得了不錯的進展，致幻劑的複興將會開花結果。

對致幻劑作用的好奇心，也滲透到主流社會當中。人們每天都在向自身求援，企圖瞭解自己的存在——找出自己是誰、自己不是誰，以及要如何重新調整生活。

因為原住民文化世代保存致幻劑的知識，我們才有幸獲得其中智慧，因此要尊重地對待致幻劑。它們是進入壓抑情緒、思想和記憶，以及探索改變意識狀態的神聖工具。我們被賦予體驗和理解這個世界的能力，因此，開始探險內心世界的旅程吧。

致幻劑能讓我們能超越個人身分，擺脫大腦精心規劃的無益故事。

4.1

真菌被用作致幻劑的歷史

薩滿文化長期以來一直將地球視為一個靈性上的生命體，相信從岩石和河流到植物和真菌的一切都是具有靈性本質的生命，而神聖儀式就是為了與存在的靈性取得連結。一些部落使用禁食、擊鼓、跳舞和吟唱來誘發「神靈附體」的狀態，有些也會在巫師或巫醫引導的儀式中使用具精神活性的真菌和植物。

這些儀式的內在渴求，就是找尋與偉大祖先和神靈的連結。巫師會進入靈性領域並帶回可治癒疾病、管理人際關係並確保社區長遠幸福的知識。[91] 這種對神秘意識狀態的探索，長久以來促進人類物種的成長。

史前階段

我們與精神活性真菌成為夥伴關係的起源雖已難追溯，但還是有一個說法，即民族植物學家兼宗教致幻劑普及化社會運動鬥士泰瑞司・麥肯南（Terence McKenna），於1992年提出著名且經久不衰的石猿假說（Stoned Ape theory）。歷史學家認為，人類祖先在兩百萬年前的非洲，離開了森林樹冠層開始四處探索。麥肯南的假說提到，自從離開樹木前往生活艱困的稀樹草原以來，人類就一直與具精神活性的菇類一起生活。在草原那裡，人類在牛糞中遇到能擴張思維的裸蓋菇（*Psilocybe*），並將它們當作營養豐富的食物。數百萬年來，這種飲食選擇的演化結果產生了人類的認知、自我意識和創造力。這對人類大腦尺寸有別於其他物種的快速增加提供了解釋。

雖然石猿假說很吸引人，但人類與菇類夥伴關係的最早考古證據，只能追溯到西元前一萬年的撒哈拉沙漠洞穴壁畫。舊石器時代的狩獵採集者會使用藝術來傳達他們的故事、信仰和儀式，在這一幅洞穴壁畫當中，隱約可見一個菇類遍布身體輪廓的人物，這可能代表食用菇類後會產生的強大影響力。雖然菇類的圖案與資訊總是籠罩著神秘感，但它們卻遍及整個古代文化和宗教當中。

古代歷史

古希臘的愛留西斯秘儀，是在雅典附近定期舉行的神聖儀式。儀式出現在西元前一千五百年左右，始於對備受尊敬的農業、生育和婚姻女神狄密特（Demeter）的崇拜。[92] 這是希臘所有慶祝活動中最神聖的一個，所以來自各階層的男女，包含祭司、貴族家庭和奴隸都會參加。參加宗教儀式的人在到達狄密特神殿後，會飲用一種叫凱寇恩酒（Kykeon）的藥水。

希臘哲學家柏拉圖在他的文章對話中描述了在愛留西斯秘儀的幻象。在古老的《費德魯斯篇》（*Phaedrus*）裡，有篇旅行報告是這樣寫的：「身為初學者的我們站在純潔的光芒之中，我們是純潔的，而且沒有像牡蠣被囚禁在自己的殼裡那樣，被埋葬在隨行的臭皮囊當中。」[93] 這是他心物二元論（Dualism）概念的基礎，也就是身體和靈魂是獨立的實體，且靈魂在死後繼續存在。

歷史學家一直對凱寇恩酒的內容物深感興趣，而且認為應該有一種致幻成分在裡頭，人們才會產生對神聖的體驗感，只是所含的是哪種致幻劑至今仍無定論。廣為流傳的理論認為，凱寇恩酒含有一種源自麥角的化合物。麥角是寄生真菌黑麥角菌（*Claviceps purpurea*）寄生在穀物上時形成的一種真菌團塊。不過，在西班牙出土、為兩位愛留西斯女神建造的神殿中發現的麥角殘餘物，為該理論提供了合理性。[94]西元392年，羅馬統治希臘並將基督教強加為國教，使得人們結束了愛留西斯秘儀。[95]

數千年來，中美洲和南美洲的原住民文明，如瑪雅、阿茲特克、奧爾梅克和薩巴特克，都在治療和宗教儀式中使用具有精神活性的真菌和植物。[96]這些宗教致幻劑是神聖的，因為它們可以引發如「神靈附體」般的威嚴狀態。菇尤其受到崇拜，在阿茲特克人的納瓦特爾語中，菇被稱為「Teonanácatl」，意思是「眾神血肉」。阿茲特克人使用這種通常會在雨後出現的墨西哥裸蓋菇（*Psilocybe mexicana*）或其他裸蓋菇來舉行通宵儀式。

下圖：古巴裸蓋菇（*Psilocybe cubensis*）生長自一個營養豐富的世界，也就是糞堆。

十六世紀，埃爾南・科爾特斯（Hernán Cortés）所帶領的西班牙征服者突然出現在阿茲特克人面前，從此，阿茲特克人的生活就發生了改變。由於威脅到征服者的天主教信仰，西班牙軍隊便開始批評阿茲特克人在儀式上使用真菌和植物。他們狡辯道，使用精神活性物質來接近神性的原住民作法，是邪惡且褻瀆神明的。在一封教士給國王的回信中提到：「吃下或喝下這些東西，不僅會讓參與者陷入陶醉、喪失理智，還會讓他們相信一千個荒謬的事情。」[97]

到了1521年，最後一個中美洲本土帝國落入西班牙人手中。他們原本的學校系統和文化傳統，包括使用裸蓋菇，都被鎮壓並以天主教教義取代。這種殖民化切斷阿茲特克人與他們故事、土地和社群的連結，迫使菇的智慧必須忍受著地下化，才得以延續。數百年來，這些神聖的菇一直是神話和傳說的素材，人們繼續秘密使用，並將知識代代相傳。

現代歷史

十九世紀，西方研究人員開始對原住民文化的傳統感興趣。奧地利民族植物學家布拉斯・帕布羅・瑞科（Blasius Pablo Reko）博士激起了對精神活性菇的第一波興趣。他是研究原住民藥用植物利用的學者，為了研究，還曾與墨西哥原住民社群一起生活並向他們學習。1936年，他成為首個成功將墨西哥裸蓋菇鑑定為致幻菇的人。瑞科的開創性工作引起了年輕哈佛學生理查・伊凡斯・舒爾茲（Richard Evans Schultes）的注意。舒爾茲很快便加入了瑞科在墨西哥瓦哈卡州對馬薩特克（Mazatec）文化所進行的實地研究。1939年，舒爾茲發表了他的博士論文〈墨西哥裸蓋菇的鑑定，一種阿茲特克人的催眠擔子菌〉，揭開了神聖真菌的神秘世界。[98]

就在舒爾茲發表博士論文的前一年，在大西洋的另一邊，一位名叫阿爾伯特・霍夫曼（Albert Hoffman）的瑞士化學家無意中合成了LSD。霍夫曼在瑞士巴塞爾山德士實驗室（Sandoz）的工作是尋找新藥，當時的他正在研究麥角，並將具活性的麥角酸與其他有機分子結合，嘗試合成新的化合物。在第二十五個組合當中，他加入了二乙醯胺而合成了麥角酸二乙醯胺，為方便實驗室測試參考，所以將其簡稱為LSD-25。LSD-25沒有顯示出任何具有醫學價值的特性，所以霍夫曼就將其擱置，繼續進行其他研究。

無論是命運、直覺，還是霍夫曼在他的著作《LSD，我的問題孩子》（*LSD, My Problem Child*）中所說的「一種特殊的預感」[99]，五年後，他覺得有必要再次研究LSD-25。1943年4月19日，他自行服用了自認微量的LSD，也就是250微克（是現在標準劑量的兩倍）。他在日記中寫道：「一開始頭暈、焦慮、視覺扭曲、共濟失調症狀、想笑。」[100]在拿自己充當白老鼠做試驗後，霍夫曼的實驗室助理騎著自行車送他回家（會騎自行車是因為第二次世界大戰期間，汽車的使用受到限制）。如今，4月19日被定為自行車日，用來紀念世界上第一次刻意進行的LSD致幻旅程。

認識到LSD深刻和內省的本質後，霍夫曼預見到LSD會是大腦研究和精神病學的強大工具。於是山德士實驗室開始生產和銷售LSD，並在推動該藥物的科學發展方面發揮巨大作用。在整個1950年代，LSD引起歐洲、加拿大和美國的學術關注。LSD徹底改變了對大腦和以前無法治療的疾病研究，並產生了數百篇科學論文。[101]

下圖：被來自麥角菌屬的寄生真菌感染的黑麥，形成紫黑色團塊的麥角。

1950 年代

墨西哥瓦烏特拉德西門尼斯鎮（Huautla de Jiménez）的馬薩特克村位於瓦哈卡州北部山區，俯瞰著一個充滿鬱鬱蔥蔥、又熱又潮濕的叢林的山谷。儘管地處偏遠，馬薩特克人還是接待了對神聖蘑菇古老傳統感到好奇的遊客。瓦倫蒂娜・沃森（Valentina Wasson）博士和她的銀行家丈夫高登・沃森（Gordon Wasson）對菇在古代文化中的作用有著濃厚興趣，他們受到舒爾茲工作的啟發，在1950年代初多次前往墨西哥尋找神聖蘑菇。

1955年，沃森和他的攝影師艾倫・理查森（Allan Richardson）成為第一批參加傳說中原住民致幻菇儀式「貝拉達斯」（Veladas，西班牙語，意為「晚上」）的西方人。儀式由瓦烏特拉德西門尼斯鎮的女巫醫瑪麗亞・莎賓娜（María Sabina）主導，並在夜間治療儀式中使用裸蓋菇與神靈交流。沃森在儀式結束後回憶道：「『入迷』這個詞第一次有了真正的意義，也是第一次覺得『入迷』不只是呈現某個人的心理狀態而已。」[102]莎賓娜願意分享祖先的神聖儀式，條件是沃森不能公開她的名字或位置。

但是兩年後，沃森在《生活》（*LIFE*）雜誌上發表了一篇題為〈尋找神奇蘑菇〉（Seeking the Magic Mushroom）的文章。[103]沃森選擇在這個當時在美國引領風潮的雜誌做發表，為的是將「神奇蘑菇」推向主流意識。長達二十頁的文字，不僅詳細介紹了這個神聖的儀式，還附有莎賓娜和儀式的彩色照片。無論好壞，這對瓦烏特拉德西門尼斯鎮來說都是一個轉捩點。之後鎮上擠滿了形形色色的探求者，有藝術家、音樂家、哲學家、嬉皮和科學家，他們都在尋找「貝拉達斯」這個原住民致幻菇儀式以及體驗神聖的快感。這樣的結果徹底改變馬薩特克社區的結構，而莎賓娜因為貶低其傳統的神聖性而受到排擠。然而，今日的莎賓娜在村里和國際上都被視為聖人，且因為自由分享她擁有的古老原住民知識，而成為「智慧和愛的象徵」。[104]

1958年，霍夫曼從沃森那裡收到神聖蘑菇的樣本。他是第一個從墨西哥裸蓋菇中分離出活性化合物的人，還將它們命名為裸蓋菇素和脫磷酸裸蓋菇素（Psilocin），並開發了一種合成的裸蓋菇素藥丸。這些藥丸被送到莎賓娜手中，讓她吞下來確認「蘑菇的靈性在藥丸中」，也因此確認了這些古老儀式的效果來自名為裸蓋菇素的化合物。不久之後，山德士實驗室以「印度西賓」（Indocybin）的品牌銷售裸蓋菇素粉紅色2毫克藥丸。

裸蓋菇素和LSD也引起了美國中央情報局（CIA）的注意。在冷戰背景下，美國中央情報局正在尋找可用於精神控制和化學戰的武器，於是二十年來，美國中央情報局的MK-極端者（MK-Ultra）計畫對公民進行了合法和非法的致幻劑測試，以瞭解其作為吐真藥、審訊工具和行為操縱工具的潛力。[105]

1960 年代

致幻劑也吸引了哈佛大學著名心理學家——後來成為LSD大祭司的蒂莫西・利禮。他在1960年第一次接觸致幻菇，後來描述道：「我在這次經歷的六、七個小時中學到的東西，比我多年來作為心理學家學到的還要多。」他還說：「這無疑是一生中最深刻的宗教體驗，我發現美麗、啟示、性感、過去的細胞歷史、上帝、魔鬼……都存在我體內，又在思想之外。」相較之下，普通思想狀態卻是「一個不變的重複迴路」。[106]

利禮的領悟是可以理解的。以前所有學術訓練和個人信仰，都因致幻經歷而黯然失色。致幻劑賦予了有著深刻啟示並揭露重要真理（絕對真理）的智慧品質，而利禮已藉此一窺社會建構現實背後的景象。

體驗致幻菇的那個夏天過後，利禮回到哈佛並創建「哈佛裸蓋菇素計畫」，使用來自山德士實驗室的裸蓋菇素。他與當時還不叫拉姆・達斯的李察・艾爾帕以及研究生勞夫・麥茲勒爾、甘瑟・韋伊和喬治・黎特文一起組成團隊，出發前往意識的邊境探索。拉姆・達斯在他《活在當下》（*Be Here Now*）一書中回顧了這段時間：「我們一直在探索意識的內在領域，這些年來也一直將它理論化，但是突然間我們卻可以遊歷其中。穿越它，也繞行著它。」[107]

利禮吸引了藝術家、哲學家和科學家，並與奧爾德斯・赫胥黎、艾倫・瓦茨、威廉・S・柏洛茲（William S Burroughs）和卡爾・薩根等著名人物分享致幻體驗。經過數百次歷程，這個具開創性的團隊創造了「心態和環境」一詞，這也是體驗的重要決定因素。「心態」是指服用致幻劑的心態，需有明確意圖、處於良好的頂空狀態（平和的精神狀態）並尊重神聖的藥物，這能大大地影響體驗。「環境」是指物理和社會環境，對於內省的旅程，安全的環境和值得信賴的同伴或嚮導會創造出一個療癒的氛圍。

有了這些深刻見解，哈佛裸蓋菇素計畫開始了協和監獄實驗（Concord Prison Experiment）。該團隊想知道裸蓋菇素是否可以改變囚犯意識、幫助他們遠離監獄並降低累犯率。他們還進行了由哈佛大學神學院研究生沃爾特・潘克（Walter Pahnke）所設計的著名聖週五實驗（Good Friday Experiment），該實驗的目的是瞭解裸蓋菇素能否激發出那些，與自然發生在宗教國家中的相同神秘體驗。[108]

這些實驗是有爭議的。同儕們質疑研究人員的研究方法、數據分析以及與研究志願者一起服用致幻劑的傾向。因為頻繁的致幻歷程（那時已包含LSD的使用）也在校園外舉行，所以招致其他教職員工的批評，並指控研究致幻劑和促進娛樂用途之間的界限被模糊了。面對同儕們的批評，利禮的反權威主義和直言不諱的性格只會火上加油。利禮在著名詩人兼作家艾倫・金斯伯格的支持下，希望致幻劑可以普及化，讓特權圈子和學術界以外的普通人也能體驗更高的意識狀態。只是，利禮和艾爾帕在1963年時都被哈佛大學解雇了，哈佛裸蓋菇素計畫也隨之結束。

不過他們仍繼續推動致幻思維，企圖從文化中釋放人類潛能。利禮推動的「啟動、協調、遁世」（Turn on, tune in, drop out），並非如媒體描繪般要讓年輕人離開學校、工作和家庭去吸毒。「啟動」，也就是找到一種儀式，帶你跳脫思考的頭腦，進入真實的自我，過程不一定要藉助致幻劑。「協調」，是利用和體現你學到的東西，進一步學習表達全新且真實的自己。「遁世」，則是選擇脫離無意識的社會習俗遊戲，透過找到內在的自由而變得可以自力更生。這才是利禮的本意。

利禮與勞夫・麥茲勒爾和李察・艾爾帕合著了以東方神秘主義傳統為基礎的《致幻體驗》（*The Psychedelic Experience*），也撰寫了根據中國經典文本《道德經》的《致幻的祈禱儀式：與其他冥想》（*Psychedelic Prayers: And Other Meditations*）。利禮藉著這些著作，透過致幻體驗引導反主流文化。他想呈現的訊息不是「去吸毒」，而是「為自己思考並質疑到權威」。然而，隨著抗議擴大和美國加入越戰，這樣的意識形態並不受歡迎。

即使對於那些在1967年「愛之夏」（Summer of Love）之後出生的人來說，1960年代搖擺不定卻又令人陶醉的日子，還是不停迴盪在我們的集體記憶當中。那個年代的「花派嬉皮」（Flower Children）留著長髮，穿著舊版印花和喇叭褲，聆聽死之華（Grateful Dead）和披頭四的音樂而跟著搖滾，也閱讀文學運動「垮掉的一代」（Beat Generation）的小說。作為對1950年代消費主義心態的直接反叛，花派嬉皮慶祝與地球的連結，不將價值放在金錢、物質財產和地位象徵上。反主流文化試圖回答一個經典問題，也就是「世上的苦難有答案嗎」。

在對政府失望透頂的時代，幻想破滅的年輕人正尋找解毒劑，好應對他們所生活的動盪時代。就在這時，裸蓋菇素和LSD提供了答案，它們改變了世界觀、開啟生態意識並培養部落親密感。致幻劑讓年輕人對重大問題有了第一手的探索，而且以新的視角來審視現實的本質、生命的意義以及如何和平又和諧地生活。彷彿這個使用致幻劑的古老儀式有了新生命，並把一小塊神聖的東西歸還給年輕人一樣。幾個世紀以來，明智的原住民文化一直使用神聖的蘑菇來保持對混沌世界的覺醒。這些通靈的儀式是被小心指引的，所產生的深刻體驗深深地融入了日常的生活方式。這些傳統在西方社會裡是沒有的。

1960年代的目標持續影響並啟發往後數十年的另類生活方式和價值觀。我們這個時代最重要的社會運動，例如民權、女權主義、同性戀權利、動物權利和生態運動，都源於或支持當時的反文化心態，這在很大程度上可以說是由致幻劑所培養出來的。

例如胡士托音樂藝術節（Woodstock）這一類的藝術與音樂節，就是另類生活方式和思想的大熔爐，而且領先當時的觀念數十年。他們提倡瑜伽、冥想、輔助治療、永續能源和有益健康的食物。致幻劑的急遽增加對創造力和流行文化的影響也不容低估，小說、音樂、電影和藝術的萬花筒就是在這種意識狀態下形成的。年輕的理想主義者如此相信：時間會證明一切，愛與和平終將勝利。

1970 年代

到了1970年代，美國總統理查・尼克森（Richard Nixon）和他的國務卿亨利・季辛吉（Henry Kissinger）不僅入侵柬埔寨，也發動毒品戰爭，將反文化革命帶到了高潮。多年來聳人聽聞的媒體報導、錯誤訊息和禁毒宣傳，已將致幻劑從「有前途的治療藥物」重新命名為「危險的派對毒品」。

反LSD的電視廣告播放著青少年包含跳窗在內的各種瘋狂舉動，並將其歸咎於致幻劑的使用。雖然處於危險中或有精神病家族史的人永遠不該服用致幻劑，但致幻劑就如同喝酒、過馬路或參加體育運動，其實是件稀鬆平常的事，唯魯莽從事一樣會招致危險。致幻劑所構成的真正危險在於，它們可能因為激發個人的思想自由，而破壞現有社會體系的穩定。在大力封殺致幻劑的年代，執法部門當然不會放過利禮和他的理想。1968年，利禮因車內有兩段小小的大麻菸屁股而被捕入獄，被判處十年徒刑。[109]

在紀錄片《意識的邊緣之旅》（*Journeys to the Edge of Consciousness*）中，作家格瑞姆・漢卡克（Graham Hancock）用他的流利口才這麼說著：「在這個我們所生活的二十與二十一世紀，現有社會所建構起的現實，以堅定且明確的口吻告訴我們，存在的目的就是生產與消費……我們依據購買力來定義自己。換句話說，在這個社會中，我們完全以物質來定義自己……蒂莫西・利禮意識到，我們可能正被引向一條完全錯誤的道路上。我們來到這個擁有美麗花園的星球以及這個令人難以置信的宇宙的目的，不只是要買賣東西。不能簡單地只用物質來定義自己，而是要以心靈的成長和發展來認識自己。這是為了發展人類的靈魂。」[110]
在反毒的戰爭之後，美國政府盡可能地限制致幻化合物，並將它們歸類在與海洛因和快克古柯鹼相當的「一級管制藥品」之列，其他國家也緊隨納管。這種分類將致幻劑認定為「沒有醫療價值且有被濫用之虞」，直接忽視數十年針對其廣大醫療價值所進行、真實且具開創性的研究，以及那近乎於零的濫用可能性。在沒有科學研究經費的情況下，研究人員也不得不放棄這個有前途的研究方向；即使有經費，他們也得通過美國緝毒局（DEA）的繁文縟節申請豁免（幾乎不可能做到）。致幻劑的最後希望再次走入地下，餘火由研究人員和治療師所攜帶，繼續秘密研究並傳遞寶貴知識。

1970 年代後

儘管研究刻意避開致幻劑，但它們的影響卻從未消失。人們藉由閱讀泰瑞司・麥肯南與丹尼斯・麥肯南撰寫的《裸蓋菇素：神奇蘑菇種植者指南》（*Psilocybin: Magic Mushroom Grower's Guide*）等手冊，學會了在自家臥室裡種植蘑菇。

泰瑞司・麥肯南被稱為1990年代的蒂莫西・利禮，同樣受到崇拜。

他對文化的表達方式抒情又理智，他這麼說：「致幻劑之所以非法，並非因為一個充滿愛心的政府擔心你可能從三樓窗戶跳下去。致幻劑之所以非法，是因為它們瓦解了意見結構和文化規定的行為與資訊處理模型。它們為你開啟『一切皆是錯』的可能性。」[111]

在現代社會的價值觀無法激發靈感的地方，拉姆・達斯、艾倫・瓦茨和吉杜・克里希那穆提（Jiddu Krishnamurti）關於靈性哲學的對話經久不衰。奧爾德斯・赫胥黎的《知覺之門》（*The Doors of Perception*）、泰瑞司・麥肯南《眾神之食》（*Food of the Gods*）和亞歷山大・舒爾金（Alexander Shulgin）與安・舒爾金（Ann Shulgin）的《延續》（*TiHKAL: A Continuation*）等經典著作，一定會擺在心靈領航者和改變意識狀態探索者的書架上。

致幻劑並不局限於放蕩不羈的文化人以及不能說出口的秘密品嚐。史蒂夫・賈伯斯（Steve Jobs）就曾分享：「服用LSD是一次深刻的經歷，是我生命中最重要的事情之一。LSD讓你看見硬幣的另一面，只是那一面已經磨損到你都不記得了，但你是知道它的存在的。致幻劑強化了我對重要事物的認識——去創造偉大的事物，而非只想著賺錢，盡我所能將事物帶回到歷史和人類意識的洪流中。」[112]

致幻菇的美學呈現在整個藝術和文化當中，其本質就是它所體現的反主流文化。致幻菇是一種微妙的推動，一種俏皮的挑逗，一種對社會和政府期望的無聲反叛。它代表了一個優先考慮自由、愛、表達和自我發現的思想部落，而這個部落就在我們生活的牢籠之外。

致幻菇是對我們回不去的年代的頌歌。在那個年代裡，空氣中充斥著格格不入者、特立獨行者、自由思想者和自由精神，以及自認能改變世界的瘋狂者的能量。但這一次不再是反主流文化。這一次，它就代表著文化。

4.2

科學復興

幾十年來，致幻劑一直是科學界的禁忌，直到2006年約翰霍普金斯大學精神藥理學家羅蘭・格里菲斯（Roland Griffiths）博士和他的團隊發表了一項具有里程碑意義的研究，科學的可信度才重新回到致幻劑研究當中。該研究令人信服地顯示，正確使用致幻劑可以產生顯著效果，至少值得進一步研究。致幻劑不再只被看作消遣性藥物。

格里菲斯研究改變情緒的藥物已逾四十年，他的冥想練習激發了對靈性體驗和轉變的好奇心。格里菲斯聽說過1950和1960年代使用裸蓋菇素與LSD的實驗可以導致類似宗教的體驗，尤其是哈佛團隊進行的聖週五實驗。但最終說服格里菲斯研究致幻劑的是羅伯特・傑斯（Robert Jesse），他是非營利靈性實踐委員會（Council on Spiritual Practices）的創始人，其使命是復興致幻劑科學。

1999年，羅蘭・格里菲斯、羅伯特・傑斯、威廉・理查德茲（William Richards）、尤娜・麥肯（Una McCann）和瑪莉・科西曼（Mary Cosimano）開始使用不同於早期研究的嚴格研究方法來瞭解裸蓋菇素的作用，目標是探究裸蓋菇素對安全環境中健康志願者的即時和長期影響。這項研究要獲批開展並非易事，格里菲斯和他的同事花了一年時間與FDA、EDA和約翰霍普金斯大學的機構審查委員會打交道。這也成為三十多年來第一項向受試者施用致幻化合物的研究，引發了致幻復興的開始。

該團隊設計了一項雙盲、設有服用活性安慰劑對照組的人體臨床研究，這些都是研究的黃金標準。該研究將裸蓋菇素與一種名為哌醋甲酯（Methylphenidate）[113]的活性對照化合物進行比較。受試者接受30毫克的裸蓋菇素，相當於每70公斤體重服用約5公克乾燥古巴裸蓋菇的量。該團隊小心翼翼地選擇沒有使用致幻劑經驗的志願者，在歷程期間和之後進行預先篩選和大量問卷調查。他們還確保考慮到「心態和環境」，包括專為研究設計的美觀、類似客廳的環境。在此期間，鼓勵參與者內自省，並在沒有指導的情況下探索他們的內在自我。

2006年，該團隊在《精神藥理學雜誌》（*Journal of Psychopharmacology*）上發表他們具有里程碑意義的論文〈裸蓋菇素可以引發具有實質和持續個人意義與靈性意涵的神秘體驗〉。[114]這個標題本身就有開創性，因為科學論文很少（如果有的話）提及靈性、個人意義或神秘經歷。這項研究的精心設計、執行和數據分析引發科學界關注。

讓我們拆解研究的標題。第一個結論是：裸蓋菇素可以引發與自然神秘類型體驗相同的經歷。歷史上，巫師、牧師和其他宗教人物等精神領袖所描述的狀態，都與實驗結論相同。這一發現顯示，無論個人的宗教信仰如何，靈性體驗在生物學上都是正常的。神秘體驗的六個定義特徵構成了調查問卷的基礎，如果服用裸蓋菇素後在六個標準方面都有提升，那它就有資格被稱作神秘體驗。超過60%的參與者在服用裸蓋菇素後，符合完全神秘體驗的標準。

這六個標準是：

1. 聯合的感覺：所有人和事物相互關聯的強烈感覺，萬物一體之感
2. 神聖感：一種敬畏、謙卑和崇敬的感覺
3. 知悟性：知道正經歷事比日常現實更真實存在、更接近真相
4. 深深感受到正向情緒：平和、入迷、喜悅和博愛的感覺
5. 時空超越：通常的時空感喪失或中斷
6. 無法形容；無法用語言充分描述體驗到的感覺

這些神秘類型的體驗與正面的治療效果相關。逾80%人表示，體驗後他們的幸福感和生活滿意度都有提高，且無人在這方面表示下降。

參與者在研究後完成的問卷調查顯示，這種體驗的心靈意義依然存在。有長期的、正面的個性變化，包括他們的自我意識和生活意義的改變，而且參與者的家人和朋友也證實了這些變化。

格里菲斯表示，在他的整個研究生涯中，從未見過任何影響如此獨特、強大和持久的藥物體驗。[115]該研究顯示，可以客觀地觀察裸蓋菇素的致幻效果，重新結合科學和靈性。它開闢了一條新的研究路線，包括神經科學和精神健康疾病（例如憂鬱症、焦慮症、成癮症和強迫症）的臨床應用。

4.3

精神活性真菌

基於一些演化原因，某部分種類的真菌在食用後會引發意識狀態的改變，包括意識、知覺、認知、情緒和心情等的超凡變化。這些變化創造了一種超越生理現實的致幻體驗，由於過於虛幻，因此對它的描述不可避免地被淡化了。事實上，我們仍透過語言、藝術和科學嘗試表達這些真菌帶來的感受，述說著它們對心靈的迷人力量。這種致幻體驗歸因於真菌裡一組天然存在的化合物，而這些化合物具有精神活性，會與人類生理功能相互作用。

精神活性真菌中的主要活性化合物，就是裸蓋菇素和脫磷酸裸蓋菇素。它們可以在精神活性真菌的整個生命週期、子實體、菌絲體和菌核中被找到。菌核是一團緻密的菌絲體，在荷蘭以「神奇松露」的形式出售。儘管存在其他具有精神活性的真菌，例如毒蠅傘和麥角菌（LSD即從中衍生而得），但含有裸蓋菇素的蘑菇在古代文化和當前的科學研究中最為普遍。

1958年，阿爾伯特・霍夫曼發現裸蓋菇素是一種比脫磷酸裸蓋菇素更穩定的分子，這讓它更容易合成和儲存。脫磷酸裸蓋菇素會氧化，且很快就會失去效力，這可以從採摘蘑菇時受損組織出現的藍色中觀察到。因此，裸蓋菇素的穩定性，是研究人員在對照研究中使用裸蓋菇素藥丸的原因。

致幻菇通常屬於裸蓋菇屬，但也存在於其他屬當中，例如裸傘屬（*Gymnopilus*）和斑褶菇屬（*Panaeolus*）。截至目前，已知有兩百多種真菌含有裸蓋菇素，遍布在南極洲以外的所有大陸。它們是腐生真菌，從腐爛的物質（例如糞便和枯死的植物材料）中吸收養分以促進生長。它們在各種基質上相對簡單的生長週期，讓喜歡大膽嘗試的家庭式小規模種植者可以進行種植。最受歡迎的物種是古巴裸蓋菇，俗稱「致幻蘑菇」（Shrooms）或「神奇蘑菇」。

下圖：古巴裸蓋菇，最受歡迎的神奇蘑菇。

4.4

裸蓋菇素

在過去的二十年裡，新興大腦掃描技術推動了神經科學，以及我們對裸蓋菇素如何影響大腦的理解。然而，由於尚不清楚裸蓋菇素引起的大腦變化如何導致一連串致幻效果，因此我們的知識還不完整。這裡僅就目前所知進行描述。

攝取裸蓋菇素後，身體會將裸蓋菇素代謝為脫磷酸裸蓋菇素。這是一個很重要的細節，因為裸蓋菇素和脫磷酸裸蓋菇素都存在於菇裡，但只有脫磷酸裸蓋菇素作用於大腦。

脫磷酸裸蓋菇素在結構上，與調節我們情緒的神經傳導物質血清素相似。因為脫磷酸裸蓋菇素與血清素結構類似，所以它能劫持大腦中為血清素保留的受體。這種結構相似性，可能揭示著大腦和致幻化合物之間的共同演化發展。脫磷酸裸蓋菇素可以和大腦中大量的血清素受體結合，且對一種被稱為5-HT2A的血清素受體具有很強的親和力。一項研究顯示，如果5-HT2A受體被阻斷，就不會發生致幻效果[116]，因此，這些受體的活化似乎對「引發致幻效果」來說非常重要。然而，對於血清素受體位點的活化如何產生致幻體驗，目前尚不清楚。

下圖：裸蓋菇素和脫磷酸裸蓋菇素的化學結構，與血清素非常相似。

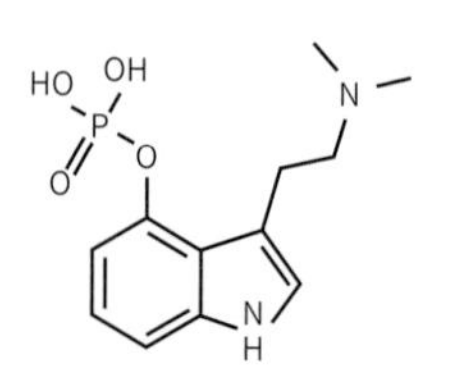

裸蓋菇素

脫磷酸裸蓋菇素

血清素

由倫敦帝國理工學院博士羅賓・卡哈特－哈里斯（Robin Carhart-Harris）和教授大衛・納特（David Nutt）領軍，並由貝克利基金會（Beckley Foundation）資助的一個團隊，在2012年研究了裸蓋菇素對大腦的影響。他們使用功能性核磁共振成像掃描服用裸蓋菇素的志願者大腦，並利用血流量作為大腦活動的衡量標準，發現大腦中預設模式網路（Default Mode Network）的部分活動減少。[117]有趣的是，該區域也是大部分5-HT2A受體的所在地。

預設模式網路是一組相互連結的大腦區域，在大腦功能中扮演核心角色，好比管弦樂隊中的指揮。該網路在意識中也扮演著重要角色，與後設認知功能（Metacognitive Functions）相關，例如時間旅行的能力（即思考過去和未來的事件）、透過內省的意識思考自己，以及理解他人的觀點。大腦的這一部分幫助形成身分認知，讓我們可以定義「我們是誰」，以及如何將這個定義投射到外部世界。粗略地說，預設模式網路是自我所在之處，亦即個人身分的感覺。預設模式網路也是批判性自我對話發生的地方，如若過度活躍，思維和行為模式就會循環，結果可能會導致過度反覆思考。反覆思考已被證明，會使負面情緒加劇並加深憂鬱和焦慮。久而久之，這種思維模式就會變得僵化而難以被擺脫。[118]

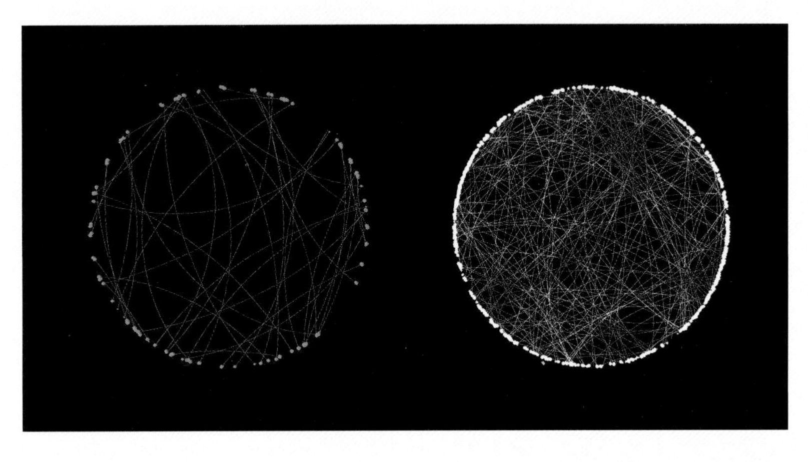

上圖：此圖顯示了安慰劑（左）與裸蓋菇素（右）的大腦網路連結變化。裸蓋菇素狀態在預設模式網路負調控後所創建新的連結模式，可能是活化 5-HT2A 受體的結果。[121]

當預設模式網路中的活動安靜下來時，它就會鬆開作為中央指揮的控制，此時個人敘述會退下，讓人們擺脫習慣性思維和防禦。當思維的嚴格界限溶解時，自我意識就會減弱或消失，即「自我消散」（Ego Dissolution）。預設模式網路被消音的另一個影響是，大腦中通常不相互交流的其他部分會開始形成新連結。

聯覺（Synesthesia）就是這樣的現象，也就是感覺全部融合在一起。例如，當味覺皮層與視覺皮層對話時，你就可以「品嚐」顏色。這種超連結促進了不受約束的認知、自發的洞察力和創造力。[119]在這種開放狀態下，大腦更加靈活，所以才會有機會重新建立連結。擺脫自我創造了一個可以讓壓抑情緒或幸福狀態浮出水面的空間。當帷幕拉開時，一系列對生活的新認識、新觀點和新感受點綴在體驗中。如果將這些學習融入日常生，就可以創造持久的個人轉變。

自我消散只是暫時的。預設模式網路是我們在複雜社會中發揮功能的關鍵，而且隨著裸蓋菇素體驗的結束，它會再次啟動、接管大腦運作。機會之窗只開放大約六個小時，但如果有意利用這段短暫時間，就可以獲得受用一生的見解。斯坦尼斯拉夫・格羅夫（Stanislav Grof）是心理醫師，也是《意識航行之道》（*The Way of the Psychonaut*）一書的作者，他認為「負責任並謹慎使用致幻劑對精神病學的意義，如同顯微鏡之於生物學或望遠鏡之於天文學。」[120]

脫磷酸裸蓋菇素、血清素受體和預設模式網路之間存在已證實的關係，但我們尚不清楚意識實際上如何被產生和改變。的確，意識直到最近才開始成為公認的醫學研究課題。儘管就事實而言，我們的一切或將經歷的一切皆在意識中展開，然而大腦裡的神經元集合如何產出意識，遠超我們所知。除非我們問錯了問題，例如意識是否獨立於身體之外運作。無論答案為何，意識就是建立在我們對生活的主觀體驗當中。我們的思想圍繞著一種自性或自我的感覺轉動，輔之以來自感官的資訊以及深層有意識和無意識的信念。我們有能力欣賞、歡笑和連結，就像我們可能會充滿焦慮、困惑和擔憂一樣。這些都是自己的經歷，和宇宙的其他部分截然不同。

4.5

裸蓋菇素輔助療法

所謂裸蓋菇素輔助療法，就是將裸蓋菇素與一種談話治療相結合，用以治癒潛在的心理狀況，而具體的介入方法則根據參與者及其狀況量身定制。裸蓋菇素輔助治療分為三個階段，所有階段都對治療的有效性和安全性相當重要。

引導者和參與者之間的準備歷程可以建立彼此的信任和融洽關係，這在裸蓋菇素體驗中相當重要。安全的環境可以讓參與者變得易受影響，並分享他們生活故事的私密細節，這些細節經常在裸蓋菇素體驗期間出現。引導者為參與者進行的準備工作，包含告知參與者預期會發生什麼，以及如何在具挑戰的體驗浮現時指引參與者。

在裸蓋菇素歷程期間，參與者躺在專為其設計的安全舒適環境，並被鼓勵著藉助眼罩和耳機裡播放的一系列精選音樂進入內自省。引導者可在具有挑戰性的情況下提供安慰和支持。在這種環境下，身體與生俱來的自癒能力被賦予了開啟的空間，正如身體知道如何治癒開放性傷口一樣，它可以引導參與者往需要治癒的心靈區域前進。

裸蓋菇素歷程的結束就是工作的開始。在引導者支持之下，參與者討論自身經驗以解開歷程中的見解。如果沒有融入，這趟歷程也只是另一種體驗而已。體現新的學習和積極行為需要時間和專注的練習。

如果安全使用，裸蓋菇素可以化解我們在緊要關頭為自己劃定的界限，也可以解開深深的創傷。這些體驗需要在一個心理感覺安全的環境中，而且有一個值得信賴的引導者陪同下執行，如此歷程中的見解才能融入未來的日常生活當中。

致幻菇的教義

瑪莉・科西曼諾
Mary Cosimano

科西曼諾目前任職於約翰霍普金斯大學醫學院精神病學和行為科學系，該學院是世界領先的致幻劑人類研究中心之一。她是致幻與意識研究中心的指導服務主任，二十年來一直擔任裸蓋菇素研究的指導和研究協調員。在那段時間裡，科西曼諾一直擔任裸蓋菇素和娛樂性藥物研究的課程指導，並主持了四百五十多次的研究歷程。她在加州綜合研究所的致幻輔助治療和研究項目中做教學，並為治療師進行致幻心理治療培訓。

在約翰霍普金斯大學進行題為〈裸蓋菇素和靈修對態度和行為持續改變的影響〉的第五次裸蓋菇素研究期間，我開始更深入地去理解裸蓋菇素的教義。該研究的目的，是調查裸蓋菇素與冥想等精神實踐相結合，如何影響受試者的行為和態度。我向受試者發放問卷、測量他們在裸蓋菇素歷程期間遇到的神秘體驗程度和意識狀態，然後在三週後進行持續效果問卷調查。

2011年，也就是這項研究進行大約兩年後，我對受試者進行了心理評估，這是他們進入研究前必須進行的預篩選過程。在眾多談話中我開始注意到，不少受試者因研究名稱中出現的「心靈」一詞而遇到了困難和脫節。這個詞通常背後有很大的包袱，就像「宗教」一詞也是如此。我覺得有必要弄清楚這一點，因為我相信在內心深處，研究的本質會遠超出這兩個詞所能代表的意涵。

我意識到「真實或真實的自我」這個詞比「心靈」更準確，這似乎也引起了許多受試者的共鳴，因為這字不那麼令人困惑。我開始相信致幻菇的力量就在於，它是一把可以打開思想的鑰匙，讓我們進入自己的「真實自我」。當我們構建的阻礙或障礙被移除時，這個「真實的自我」就會出現。

我開始明白，所描述的真實自我就是自己的真實本性。我們真正的本性是愛，而且相信愛就是我們的連結，也是我們與自己、與他人以及與一切的關係。所有人內心深處想要的，就是去愛與被愛，這就是我們真正的本質，以及「我們是誰」的答案。我們初到這個世界時就知道這一點，但這些知識卻隨著成長而常被遺忘。是我們讓生活變得如此複雜，然後產生了恐懼，並且由於這個恐懼，我們豎起了牆和障礙、將自己與愛斷開連結，因而失去「我們是誰」（真實且真正自我）的領悟。我相信裸蓋菇素研究，無論年齡、社會經濟地位或文化背景如何，都關乎重新連結真實或真正的自我。這種體驗通常像回到家一樣，熟悉又舒適。正如一位受試者在描述自身經歷時所寫下的那樣：「整個旅程都是在心靈層面上進行的，思想、理解和言語是完全、100%無關緊要的。我在信任和瞭解的遊戲場上。我擺脫了過度活躍的思想束縛。我從無法動彈中被釋放了出來。我感到非常舒適。這是我的家。這就是我所知道的真實自我。」

這種信念，也就是愛以及與真實且真正自我的連結，就是這個裸蓋菇素研究的主要成果之一。正如一位受試者所說：「一切都被捲入了愛的高潮頓悟，愛是萬物的普遍本質和意義。」受試者的裸蓋菇素歷程體驗中，有數百條都引述了同樣的觀點。

致幻菇有許多教義，根據二十年見證裸蓋菇素歷程、受試者的歷程報告以及受試者朋友和同事的觀察，我注意到有些主題反覆地出現。正如我所說，核心教義是核心自我意識的增強，是對我們真實、真正自我的篤信認識，而且相互連結到所有的生命當中。也就是說，他們瞭解到生命都是一體且相互連結的。

瞭解我們真正是誰的結果，轉化為「成為一個對自己、對他人、對世界都更好的人」的願望。受試者報告說，生活品質和個人意義的顯著提升已超出裸蓋菇素的體驗。他們分享了深深的感激之情、寬恕並同情自己與所有人的重要性，以及生命中優先事項的順序轉變。他們真正瞭解到什麼是重要的，然後將不重要的那些捨棄，瑣碎的顧慮和懷恨在心也減少了。

以下是我們一位受試者的精彩總結：「我更感興趣的是在更深層次上與他人建立連結，並且更重視人際關係。我的態度變得更開放、更少批評。作為宇宙中成為一體和根本的力量，以及對現實理解的適當回應，我感受到一個更強烈的愛。」

最後，我想分享一下過去二十年這些種種對我個人的影響。我一方面是想將這些經驗寫成文字集結成書，但另一方面卻苦於無法用文字將它表達出來，因為它是不可言喻的。所以，我將以這篇筆記作為結尾。在過去的二十年裡，我成為受試者生活和經歷中不可或缺的一部分，這更加深了我現有的信念，相信愛就是一切，而且到達一個以前未知的層面。希望這個世界上所有準備就緒的人都能獲得這些藥物，而所謂的「準備就緒」，指的是在醫學和心理上都能安全地接受這些藥物，並希望這些藥物對自己和世界都能發揮其潛在價值。

裸蓋菇素體驗

※ **注意：此非食用致幻菇的建議或說明指南，僅是致幻體驗可能會有的內容描述。**

準備

在自然狀態下，在含裸蓋菇素的菇當中，精神活性化合物濃度可能會有很大的差異，即使同一物種和同一採摘地點亦然。因此，一般還是依照菇體重量作為劑量依據。根據經驗，新鮮菇含水量高，所以重量會是乾燥菇的十倍。

致幻菇可以多種方式新鮮食用或曬乾後食用，例如混合成飲料、泡在熱水中作為茶飲、咀嚼或煮熟作為食物。根據食用方法的不同，致幻效果可能需要在食用二十到六十分鐘後才會出現。

傳統儀式規定，食用致幻菇前需至少禁食六小時，因為空腹可以增強靈性體驗且有助避免噁心的副作用。如果在不禁食的情況下食用致幻菇，就會延遲致幻效果。

由於影響因素眾多，故沒有「典型的」裸蓋菇素體驗，但是優化「心態和環境」對體驗會有正面影響。會感到緊張是正常的，但要相信體驗過程的進行，臣服於接下來即將且無論如何都會發生的事。

劑量

致幻菇對每個人都有不一樣的影響，劑量也是，這使得每個人的體驗不盡相同。以下是對可能發生的情況所進行的探索，而致幻體驗通常會持續四到八小時，實際情況取決於致幻菇的效力和攝入劑量。

※ **注意：所有測量值均以乾燥古巴裸蓋菇爲基準。**

微劑量（0.1~0.25 公克）

微劑量是不足以引起知覺扭曲的劑量，而且致幻效果不明顯，也不會影響視覺和聽覺感知。這個劑量可以為你的一天增添光彩，感覺所有事情都變好了，還可以增強思緒、注意力、活力和創造力，這也是微劑量在矽谷以及許多科技業當中流行的原因。使用者報告說，他們可以進入一個結合腦力持久和自發靈感的心流狀態（Flow State）[122]。

低劑量（0.25~1 公克）

這是所謂的「博物館劑量」，該術語由化學家兼致幻劑教父亞歷山大・舒爾金博士所創。這種低劑量，能夠為你所在的環境塗上一抹閃亮與驚奇。你可能會注意到一些輕微的致幻效果，但身體功能運作和參與社交活動的能力仍然完好無損。由於此劑量被用於娛樂用途，故又被稱為「演唱會劑量」。

中等劑量（1~2.5 公克）

此劑量在「創造性問題解決」方面很受歡迎，能使頭腦放鬆，並接受新的想法、見解以及連結流入。在這個劑量等級下，不僅溫和的視覺效果增強了感官感受，社交障礙也消失殆盡，進而可以幫助你重新與親人和大自然建立連結。

高劑量（2.5~5 公克）

在這個劑量下可以呈現完整的致幻體驗。此時，幾何圖案和碎形（Fractals）[123]將開始出現，時間和空間可能會扭曲，認知任務[124]變得更加困難。雖然仍可掌握周圍環境，但其已開始改變和扭曲。

高劑量可以產生內省的效果，所以會被用作內在探索和治療的工具。當你進入更高意識狀態時，「小我」的日常聲音就會安靜下來，此時可以客觀地看待自己並提出諸如「我是誰」和「什麼對我來說很重要」之類的問題。你所依附的那個「自己」的概念，會在「自我」分解時開始消失。這種體驗可能令人難以承受或令人困惑，但致幻體驗的火焰不會把你燒掉，它只會燃燒本就不屬於你的部分。

英雄劑量 （>5 公克）

此術語由泰瑞司・麥肯南所創。他訓練最勇敢的心靈領航者，獨自在黑暗中閉眼食用5公克乾燥致幻菇。他說：「如果你服用了致幻劑，而且不怕服用過多的話，那就表示你服用得還不夠多」。[125]在這個堅定劑量下，「自我」消失殆盡導致自身認同的完全喪失，而這種狀況被稱為「自我死亡」。同時，此劑量下可以產生一種與所有人和整個宇宙都相連的意識，以及完全超越自己的感覺，而所有的這些都是神秘體驗的特徵。

劑量急劇增加超過5公克時，可能會進入一種虛無狀態，言語已不足以解釋這種體驗，所以可能很難從虛空中帶回任何見解。必須謹慎行事。

入口

「即將」進入致幻體驗時，你可能會感到身體刺痛、想要咯咯笑，並同時有放鬆或緊張的感覺。也許最好的描述就是：你會變得「不正常」。你的感官感受可能增強，所以會看到更明亮的色彩、變得波浪形的固體物或似乎在呼吸的植物，而且時間和空間等概念可能會消失。

旅程

進入旅程後，變化將進一步加劇（尤其閉眼時），這個階段產生的視覺效果會變成碎形幾何或萬花筒圖案。試著閉上你的眼睛，體驗內心那個完整的宇宙。

致幻體驗也會影響你的思想和感受。致幻菇可以照亮體內已有的東西，讓心靈中的意識和潛意識部分自己顯露出來。壓抑的創傷、恐懼和記憶此時會浮現出來，如果你允許這些變化繼續進行，就可以將意識擴展並被帶往令人難以置信的地方，探索人類狀況的複雜性。這時的感受會令人無法承受而極具挑戰性，但是臣服於可能出現的任何事情對於療癒來說非常重要。當你這麼做的時候，一種愛、平靜和熟悉感會接管一切，且可能會感受到與他人、自然和宇宙的連結，而這本就是你原本歸屬的地方。歡迎回來。

糟糕的旅程

致幻劑是最安全的藥物之一。英國藥物獨立科學委員會（UK's Independent Scientific Committee on Drugs）在一項針對二十種藥物的研究當中，將裸蓋菇素的危害性列為最低，LSD則為第三低。酒精在這個分類群被列為最有害者（其次是海洛因和快克古柯鹼，而且危害程度是裸蓋菇素和LSD的十倍以上）。[126]

致幻劑不會讓人上癮，也不會傷害身體或大腦[127]，但有精神疾病個人史或家族史的人絕不能服用。另外，由於致幻劑會影響血壓和心率，所以心臟病患者也可能在服用後處於危險之中。

裸蓋菇素輔助治療使用大量的調查問卷，來確定參與者在使用前的適合性。適當的準備，決定這趟過程是具有挑戰性的經歷（你可以從中成長和融入）或糟糕的旅程。糟糕旅程的特點，是對正在發生的一切感到焦慮、恐懼、偏執、恐慌和抗拒。由於在致幻體驗期間情緒會加劇，如果當事人準備不足或經驗不夠，可能難以控制出現的新感覺、想法或體驗。

心態和環境是正向體驗的關鍵決定因素。請瞭解你的意圖並承諾接受致幻劑所展示的內容，體驗時可請一位信賴的朋友或家人陪同，在需要的時候提供協助。也要優化周圍環境，將其布置得安全舒適，也可裝飾一些儀式元素，例如薰香、音樂或蠟燭。注意，不要將致幻劑與其他藥物或酒精混合使用。

致幻劑會展示出你需要看到的東西，包括壓抑的思想和創傷，或讓從未見過的自身特徵被凸顯出來。過程中也會發生許多揭示、捨棄和放手等情事，但這一切都只會在接受致幻劑向你展示的結果之後開始。抗拒是導致糟糕旅程的原因。請記住，旅程最終會結束，而融入是所有旅程品質的關鍵，尤其是具有挑戰性的旅程。在旅程中對你影響深遠的可能是心中尚未解決的問題，最好是對此有進行進一步的諮詢並保有同情之心。

融入

真正的旅程從這裡開始。在體驗中所見、所學和所經歷的那些，必須被帶回日常現實並體現出來。這不僅是為了自己的療癒，也是為了整個世界的集體療癒，因為社會迫切需要這些新思想和觀點。正如多產作家和演說家艾倫・瓦茨所說：「當在旅程中收到訊息時，就應該馬上結束旅程離開。因為致幻劑只是儀器，就如同顯微鏡、望遠鏡和電話一樣。生物學家的眼睛不會永遠盯著顯微鏡，而是會起身離開，並根據他的所見進行後續工作。」[128]

致幻菇可以照亮體內已有的東西，讓心靈中的意識和潛意識部分自己顯露出來。

爲致幻之旅做準備

在致幻之旅開始前，請優化你的心態和環境以獲得正向的體驗；「心態」是指服用致幻劑的心態，而「環境」是指物理和社會環境。目前所有跟裸蓋菇素輔助治療相關的科學研究，都會為受試者優化「心態和環境」。

正確的心態

指的是有明確的意圖、處於良好的頂空狀態（Headspace）[129]並尊重神聖的藥物。感到緊張、焦慮或興奮是正常的，但以平靜狀態進入致幻之旅將有助輕鬆進入體驗。冥想、瑜伽、深呼吸和親近大自然等活動也可以幫助放鬆身心。

即使只是為了探索，還是可以自問進入這段旅程的目的為何。觀察內心世界並注意自己所處的狀態很重要，因為致幻劑可以放大現有的感受，所以應該要對情緒狀態進行評估，並確認自己願意進入致幻體驗。

就讓體驗帶領著你去它想去的地方，過度的控制和期望只會造成緊張，而且要準備臣服於所出現的事情。

正確的環境

規劃你的社交和物理環境，確保不會有任何干擾，且不要為當天剩下的時間制定計畫。你可以獨自進入旅程，也可以和引導者或可信賴的同伴一起，但要確保期間處於安全舒適的環境當中。如果這是你的第一次體驗，清醒的引導者可以提供額外的心理安全感。

環境可以根據所尋求的致幻體驗類型和服用的劑量來進行定制。對於內心的旅程而言，待在室內或家裡是不錯的選擇，因為這通常是我們感到最踏實和安全的地方。大自然之旅也可以成為與自然世界重新建立連結的特殊體驗，但要確保室外環境遠離不必要的噪音和刺激，這可以讓你有個平靜的旅程。

4.6

致幻復興

自2006年格里菲斯與其同事那具有里程碑意義的研究以來，FDA已批准了五十多項使用裸蓋菇素的臨床研究。致幻劑應用在減輕人類痛苦方面可以發揮巨大作用的想法，現已成合法科學研究領域。以治療憂鬱症、臨終焦慮症、創傷後壓力症候群、厭食症、酗酒、吸菸成癮、阿茲海默症和許多其他疾病為目的的新研究也正在進行中。裸蓋菇素的應用看似沒有極限，但是研究人員留意到1960年代出現的錯誤使用，因此對這類研究持謹慎態度。約翰霍普金斯大學、紐約大學、倫敦帝國理工學院和加州大學柏克萊分校等知名大學正領導這類研究工作，也都開設了致力於致幻劑研究的中心。

意識和致幻劑的研究正成為研究生一門可被接受的學習課程。研究領域包括研究微劑量致幻劑的影響、致幻劑對大腦的長期影響、致幻劑輔助療法的未來設計，甚至人類學、藝術、音樂、電腦科學、哲學和宗教等醫學以外的活動也是如此。

在不斷加深的心理健康危機中，致幻劑研究再度回歸。有項發人深省的統計數據提到，全球目前超過十億人患有心理健康問題，其中憂鬱症是導致自殺的最重要因素。在美國，成年人的憂鬱症在2018~2021年期間增加了兩倍多[130]，英國則有30%的憂鬱症患者抗拒治療。為此，世界迫切需要新的解決方案。目前憂鬱症的治療選項包括心理治療，通常輔以一種被稱為「選擇性血清素回收抑制劑」（SSRI）的日常抗憂鬱藥。SSRI經由抑制大腦的壓力系統發揮作用，但並不能解決憂鬱症的根本原因，而且可能會導致許多副作用。

卡哈特－哈里斯博士和他在倫敦帝國理工學院的團隊，也加入了證明裸蓋菇素輔助療法可以治療憂鬱症這個不斷成長的研究領域。2021年4月，他們在《新英格蘭醫學期刊》（*The New England Journal of Medicine*）上發表了一篇名為〈裸蓋菇素與利普能在治療憂鬱症上的試驗比較〉的第二期臨床雙盲、隨機以及有安慰劑對照試驗的論文結果。[131]這個為期六週的研究，招募了五十九名患有輕度至重度憂鬱症的患者參與測試，目標是在兩個月內比較兩種治療方案的療效：兩次裸蓋菇素輔助歷程與每日劑量的利普能（Escitalopram，一種被廣泛認為是市場最佳抗憂鬱藥的SSRI）。利普能實驗組還接受了與裸蓋菇素輔助治療組相同形式的心理治療。

研究人員計算了每位受試者的憂鬱評分和每個試驗組的平均憂鬱評分。在六週試驗結束時，兩個試驗組的平均憂鬱評分均有所下降，但沒有顯著差異，顯示兩劑裸蓋菇素輔助治療至少與六十三劑每日劑量利普能一樣有效。這個結果看似無關緊要，但是裸蓋菇素試驗組降低憂鬱評分的速度更快。此外，裸蓋菇素試驗組中，有70%的受試者憂鬱評分至少減半，而利普能試驗組中這一比例為48%。在經歷憂鬱症狀減輕的受試者當中，裸蓋菇素試驗組在六週試驗結束時仍然保持憂鬱症狀減輕的人數，是利普能試驗組的兩倍。這些試驗結果非常令人振奮。

卡哈特－哈里斯博士認為，經歷過裸蓋菇素輔助治療歷程的受試者，有機會將自己從反覆思考的禁錮中解放出來。一旦從執著且支配性的故事中解脫出來，他們就能挖掘出被壓抑的思想和情緒，並更客觀地解決它們。相較之下，利普能和其他SSRI並沒有解決憂鬱症的根本原因，它們只是經由抑制大腦反應來平息一個人的憂鬱症狀。卡哈特－哈里斯博士希望在其他地點對更多樣化的群體進行長期研究，一旦成功，憂鬱症患者在不久的將來可能會有一種新的治療選擇，這種選擇需要的劑量更少，副作用也更少。

科研人員並非唯一對致幻劑潛力感興趣的人。許多領域的主流媒體、監管機構、公司和個人倡導者對致幻劑的未來感到興奮，而監管機構的態度也正在發生變化。在美國，FDA將裸蓋菇素研究推進到第二期臨床試驗。2018年，FDA授予指南針生命科學公司（Compass）執行裸蓋菇素輔助治療「難治型憂鬱症」的「突破性治療」正式地位，這意味著FDA已將臨床意義置於試驗療效的初步結果之上。FDA將加快臨床試驗最後階段的審查過程，這可能使指南針成為第一個將裸蓋菇素輔助療法推向市場的公司。指南針公司於2020年9月在納斯達克股票交易市場（NASDAQ）上市，是第一家市值超過十億美元的致幻劑公司。

在過去的幾年裡，大量公司湧入致幻劑行業，ATAI 生命科學（ATAI Life Sciences）、明德（MindMed）、努秘（Numinus）和考察旅程（Field Trip）等公司也都已上市。他們的目標是籌集資金來完成研究、開發和測試，加諸監管部門批准新型化合物和藥品服用方法。考察旅程公司研究主任馬歇爾・泰勒（Marshall Tyler）解釋，他們已開發出一種模擬裸蓋菇素，名為FT-104的新型合成分子。他說：「使用裸蓋菇素，有人往往要在診所待上六到八個小時，這對患者來說非常麻煩，對臨床醫生來說成本也很高。如果能讓某人進出致幻旅程的速度比這快得多、但具有相似的經驗強度和治療效果，那將會有積極的幫助，這也是FT-104出現的重點之一。」[132]而泰勒所描述的FT-104效用，也已獲臨床前試驗證實。

隨著越來越多的公司開發出基於裸蓋菇素的新型化合物，關於為天然存在的化合物（無論經過何種修飾）申請專利的道德爭論正在展開。然而，全新的致幻化合物和致幻輔助療法也都已經被申請了專利。當然，投資確實為研發、建立臨床基礎設施和快速商業化模式提供資金，以將藥物分發給有需要的人。但有人擔心，主要受股東回報驅動的營利性公司，很可能會壟斷致幻劑市場。

這引發了更多關於我們如何確保平等獲得這些藥物，以及如何使用這些藥物的問題。當前的醫療模式只允許確診患者在醫療系統內接受治療，這反而忽略了那些不符合規定適應症的人，而進入醫療系統的成本也可能令人望而卻步。社會經濟地位低的群眾罹患精神疾病的風險因素更高，政策制定者需優先考慮他們獲得這些和其他潛在革命性治療的機會。[133]

當我們在西方世界創建第一個致幻醫學框架時，這些是必要的辯論。我們不要忘記，致幻劑研究和療法的成功，很大程度上要歸功於世界各地原住民群眾的傳統。必須承認，就是因為這些捍衛者和他們的治療實踐，我們才有得以借鑑的基礎進行研究。所以，需要讓原住民群眾走出被忽視的邊緣，並讓他們對新醫療保健系統的發展有發言權。對於那些願意將他們在致幻劑領域的工作與一套指導價值觀結合起來的人來說，北極星倡導組織（North Star）制定的承諾就是第一步。《北極星道德承諾》（*The North Star Ethics Pledge*）包含了對一系列價值觀的承諾，以及額外的教育和可操作的步驟，以確保致幻劑的智慧和誠信，能夠融入不斷發展的致幻劑行業中。[134]

4.7

除罪化與合法化之路

許多致幻劑被列在一級管制藥品內的原因，很可能是肇因於1970年代的政治，而非化合物在科學上的可能性。在隨後的整個致幻「黑暗時代」中，非營利性跨領域致幻研究協會（MAPS）成了關於安全和有益使用致幻劑的科學研究與教育的主導力量。該協會創始人瑞克・道布林（Rick Doblin）在利禮的哈佛裸蓋菇素計畫期間是哈佛大學的一名大學部學生，他的職志是將藥物開發與藥物政策改革相結合，並依循醫學和法律規範進一步發展致幻劑。

三十五年後，MAPS即將獲得FDA批准用於創傷後壓力症候群的甲烯二氧甲苯丙胺（Methylenedioxymethamphetamine, MDMA，俗稱搖頭丸）輔助心理治療。它正在進行第三期臨床試驗，這是美國任何精神活性物質臨床開發的最高階段。作為所有類型致幻劑治療潛力的倡導者，道布林認為「致幻劑必須在某種程度上合法化和監管，以允許治療應用發生，而不必擔心被起訴」。[135]當我們成為一個可以接受致幻劑的社會時，整個世界的藥物改革才會開始展開。

2019年5月，丹佛成為美國第一個將「使用和持有含致幻化合物裸蓋菇素的菇」合法化的城市。[136]奧克蘭、華盛頓特區、安娜堡、聖克魯茲和俄勒岡州也相繼採取行動，降低與個人使用和種植致幻菇有關的處罰。雖然除罪化意味著致幻劑仍為非法，但與其他嚴重的非法勾當相比，致幻劑並不是執法部門優先處理的事項。預計許多城市和州都會效仿並放寬致幻劑的使用。

2020年11月，俄勒岡州成為美國首個將裸蓋菇素合法化作治療用途的州。俄勒岡州第109號法案允許獲得許可的服務供應商，能夠輔以訓練有素的專業人員指導，在治療環境中向二十一歲以上的成年人施用含有裸蓋菇素的真菌產品。這些專業人員不需要是醫師，但需接受培訓，以幫助引導患者從準備到旅程本身，再到之後融入的致幻體驗。成年人無需獲得處方或拜訪醫療機構即可獲得裸蓋菇素。在這些許可服務中心之外，裸蓋菇素仍然是非法的。

2021年6月，加州參議院通過了第519號參議院議案，該議案將致幻劑（包括裸蓋菇素和LSD）合法化，但在其成為法律前須得到加州議會的通過。如果議案成為法律條文，那麼二十一歲以上的成年人種植、擁有和分享致幻劑的刑事處罰將被取消，從而有效地使致幻劑合法化。加州是1996年藥用大麻合法化的先驅州，並準備引領美國乃至世界進入致幻劑合法化和藥物政策改革的新時代。

我們可以期待致幻劑公司進入那些實施某種形式合法化的地區。在加拿大、英國和澳洲等其他國家，也出現了由基層運動家領導的除罪化和合法化趨勢。

隨著致幻劑的未來發展勢頭強勁，其地下網路也在蓬勃發展。借助Shroomery和Erowid等網站提供的大量資源，人們可以在家中採購、種植和消費致幻劑。專業指南裡亦存在著一個神秘行業，讓那些治療選擇有限的個人，能在安全和具支持性的環境中使用致幻劑。除此之外，牙買加和荷蘭等國家也提供了一種合法的裸蓋菇素，例如一家位於阿姆斯特丹名為「合成」（Synthesis）的機構，就提供為期三或五天的「醫學監督裸蓋菇素松露靜修」。然而，對於那些害怕受迫害或負擔不起旅程費用的人來說，他們的希望仍寄託在當地的合法化上。

文化評論員推動致幻新聞和教育的傳播。利用專業知識和各種交流平臺，他們正在改變公眾對致幻劑的看法。麥可・波倫（Michael Pollan）是紐約時報暢銷書《改變你的心智：用啟靈藥物新科學探索意識運作、治療上癮及憂鬱、面對死亡與看見超脫》（*How to Change Your Mind: What the New Science of Psychedelics Teaches Us About Consciousness, Dying, Addiction, Depression, and Transcendence*）一書的作者。波倫的書於2018年出版，扭轉了致幻劑的潮流，他的調查性新聞報導穿插於科學研究和他自己的致幻劑經歷敘述中，吸引了主流讀者。

提姆・費里斯（Tim Ferriss）是《提姆・菲里斯秀》（*The Tim Ferriss Show*）的作者、投資者和節目主持人，他是致幻運動的重要代言人以及有影響力的倡導者。他有難治型憂鬱症、躁鬱症和成癮的家族病史，親眼目睹並親身體驗了致幻劑的治癒潛力。費里斯是新成立的約翰霍普金斯致幻與意識研究中心（Johns Hopkins Center for Psychedelic and Consciousness Research）的主要籌款人，他個人認捐了兩百萬美元。費里斯還為致幻植物和真菌的可持續收穫和使用發聲，他建議「選擇生長良好、生長廣泛且生長迅速的物種」並鼓勵關注「現成且易於栽培的物種，例如裸蓋菇⋯⋯可能只要數週就能生長。」他還說「如果你的餘生只能使用裸蓋菇，你可以繼續培養（和裸蓋菇的）這種關係、發展深厚的技能、展開深刻的學習和意義，直到你生命垂危。」如果你致力於探索，深度就在那裡。沒有必要在每一種植物或動物的致幻護照上蓋章，而且有很多理由不必這樣做。[137]

當我們走向致幻社會，就會希望致幻劑和它們所起源的神聖儀式得到尊重。我們的祖先以崇敬、愛和謙遜的態度對待這些天然藥物，而我們也必須這樣做。含有裸蓋菇素的菇應該可以提供給任何勇敢、好奇地探索這個世界結構的人使用。合法化和融入社會的道路將充滿挑戰，但我們需要為建立一個更健康、連結更緊密和更有意識社會的機會而冒險。

我們的祖先以崇敬、愛和謙遜的態度對待這些天然藥物，而我們也必須這樣做。

4.8

重新發現天堂

致幻劑的力量超越了治療應用。正如科學研究所證明的那樣，致幻劑能可靠地誘發神秘的意識狀態，這顯示我們在生物學上天生就有這些經歷。但是，意識的改變狀態是什麼？更重要的是，我們可以從進入更高的意識狀態中學到什麼？

意識是一種神秘的現象，因此該術語根據上下文會有不同的定義，而理解它的方法之一，是將其視為我們體驗周圍和內部主觀世界的媒介。我們的意識程度是由意識和注意力程度來衡量的，這決定了生活體驗的品質以及「真正活著」的感覺。我們的意識程度整天都在變化——在深度睡眠中，所有有意識的思想和情緒都被關閉，呈現無意識的狀態；作夢時會產生一系列圖像、思想和感官體驗，但此時身體意識到正在發生的事情程度卻很低；醒著的時候，我們的意識程度也會變化，但大多數人都是處於「醒著的睡眠狀態」（waking sleep），亦即當注意力不集中時，做事就會漫不經心。想一想，我們花了很長的時間專注地敘述自己的故事，而不是在當下的事物上。要完全清醒和活在當下，需要專注和練習。

意識總是完整的，但是它會因為身外之物、虛榮稱謂和其他假像而顯得模糊不清。幾千年來，印度教和佛教等東方哲學都會採用靜觀（Mindfulness，這是宗教上的說法，一般稱為正念）的心智訓練來幫助我們將游蕩的思想帶回當下。在與至親摯友相處的寶貴時間裡，我們可以達到更高的意識狀態。這些時刻讓我們能完全思路清晰地見證體驗的本質，而不會被過去或未來的想法所擄獲。讓這樣清晰的意識狀態打破渾渾噩噩的一天並不是抽象的想法，也不限於靈性或宗教。

1943年，心理學家亞伯拉罕・馬斯洛在《人類動機理論》（*Theory of Human Motivation*）中創造了開創性的需求層次結構，試圖瞭解是什麼激發了人類行為。論文內容首先提到，人類需要住所、食物、水和休息才能生存。接著，我們會需要被定義為「金錢、保障和無所畏懼」的安全。然後我們會在社群中尋求愛和歸屬感，再用成就和他人的尊重來塑造個人身分。一旦這些需求被滿足，我們就會尋求自我實現。馬斯洛曾說：「音樂家必須創作音樂；藝術家必須繪畫；詩人必須寫作，如果他們想要最終幸福的話。」「一個人有能力成為什麼樣的人，他就必須努力成為那樣的人。」[138]可惜他壯志未酬。

在1970年馬斯洛去世之前，他正研究高峰體驗的概念，也就是自我實現後的最後一步。人類需要超越自身的個人身分，這也是為何我們需要超越自我、探索人性、熱愛自然以及熱愛他人。當一個人與自己和周圍環境和諧相處，他們就會擁有巔峰體驗，而這些體驗的特徵就是入迷、驚奇和喜悅的狀態（與更高意識狀態的品質相同）。

「在過去幾年裡，某些被稱為『致幻劑』的藥物，尤其是LSD和裸蓋菇素，已經很清楚地給了我們在這個高峰體驗領域進行控制的可能性。」馬斯洛在他1964年的著作《宗教、價值觀和高峰體驗》（*Religions, Values, and Peak-Experiences*）這樣寫著。「看來，這些藥物通常會在合適的情況下，在合適的人身上產生『高峰體驗』，所以也許我們不必再等待它們在運氣好的時候才會出現。」[139]即使是3~4公克中等劑量的裸蓋菇素，也可以化解我們對匱乏需求的執著。馬斯洛選擇用「巔峰體驗」一詞來消除宗教內涵，以便理解任何人都可以實現這些超越自我（Self-Transcendence）的無私時刻。

超越自我發生在更高的意識狀態，此時我們不再被內心的焦慮、成見、恐懼和衝動所打擊。相反地，自我變得渺小，而且比我們自己更大的原則、想法或集體的連結感開始出現。這可說是一種解放，而且在超越自我的時刻，我們意識到自己不是漂浮在時間洪流中的孤獨碎片，而是透過靈性相互接觸與連結的自然表現。

艾倫・瓦茨說：「我們不是『進入』這個世界。我們是從它出來的，就像葉子來自一棵樹一樣，也像海之『浪』、像天地萬物之『民』。每個人都是整個自然界的表現，也是整個天地萬物的獨特行動。大多數人很少（如果有的話）經歷過這個事實，即使那些在理論上知道它是真實的人，也不會領悟或感覺到它，但會持續意識到自己只是裝在臭皮囊內被孤立的『自我』」。[140]

致幻劑能夠引起聯合體驗，但許多其他體驗同樣也可以，例如瑜伽、冥想和在大自然中度過時光。只有當我們不再投射出明顯的「我」和「他者」時（即意識不再分為主體和客體），整體性就會出現（現實是不可分割的整體）。詩人、藝術家、作家、運動員和表演者稱它為「心流」，因為他們全神貫注時，就能感受到整體感覺。心流觸及了內心深處一些非常古老、非常睿智和非常深刻的東西。當你意識到「自己對生活是完整的」這個事實時，生活就會開始在你體內移動。當我們醒來並意識到自己正處於生命本身最奇妙的奇蹟之中時，我們會記住這是天堂，而且一直都是。

為什麼我們在生物學上有這種更高意識狀態的體驗呢？我們所有人都有精神本能嗎？是否有一個與生俱來的羅盤指引著我們？無論謎底是什麼，我們都被賦予了理解它們的能力，並深入探索。

世界正在喚醒一種新的意識，而致幻劑發揮著關鍵作用。縱觀歷史，大多數文化都與致幻劑有密切關係，並用它來改變意識。真菌提醒我們就是自身意識和地球的服務員，也正因為這樣的關聯，我們才能被療癒。幾千年來，巫師便利用致幻劑如此指導他們的社群。既然致幻劑能引導他們，那它同樣也可以引導我們。

我們都是透過靈性相互接觸與連結的自然表現。

毒蠅傘
AMANITA MUSCARIA

俗名

毒蠅傘（Fly Agaric）、毒鵝膏（Fly Amanita）、べにてんぐたけ（意爲紅色長鼻子妖精菇）、Мухомор（俄語，意爲殺蠅劑）、Tue Mouche（法語，意爲殺蠅劑）

科	鵝膏菌科
屬	鵝膏屬
種名意義	蒼蠅

毒蠅傘可說是最具標誌性和知名度的菇類品種，其帶有白色斑塊（幼菇時期包裹著白色菌膜的殘留物），呈亮紅色或橙色。之所以叫「毒蠅傘」，是因為它傳統上被用來吸引和殺死蒼蠅：將壓碎的菌傘放在有牛奶的碟子中，作為捕蠅陷阱置於窗台上。

此真菌廣泛代表現今流行文化，出現在《超級瑪利歐兄弟》、《愛麗絲夢遊仙境》和《藍色小精靈》中，經典的菇類表情符號亦然。

歷史與文化

許多神話和傳說圍繞著毒蠅傘的使用展開。數百年來，它一直被用作宗教背景中的致幻劑，目的是能夠達到恍惚狀態。然而，精神活性和毒性之間存在細微差別，大劑量使用會導致出汗、抽搐、噁心和腹瀉。煮沸和乾燥可以在不影響精神作用的情況下降低毒性。另一種（風險更高）的方法是利用人體肝臟來過濾毒素，這是西伯利亞巫師們的普遍作法，他們將致幻菇吃下，利用自己的肝臟過濾毒素，再將含有精神活性化合物的尿液供給其他人飲用。

特性

食用面

可食用。不過，由於毒蠅傘具有令人略微失去控制的特性，不建議以原始形式食用。此眞菌含有蠅蕈醇（Muscimol）和鵝膏蕈氨酸（Ibotenic Acid），大量使用可能會造成危險，但致命的情況極爲罕見。水煮可減弱其毒性，使其成爲可食菇類。

藥用面

可供藥用。在西伯利亞、俄羅斯以及東歐和北歐有著悠久的傳統使用歷史。局部用於治療肌肉和關節疼痛、組織損傷和鍛煉後疼痛。

精神活性

會影響精神行爲。含蠅蕈醇和鵝膏蕈氨酸，可產生淸醒夢境（Waking Dream）的效果，例如譫妄、超脫、頭暈、靜止和知覺淸晰，這與含裸蓋菇素的菇類作用不同。

環境修復能力

具有環境修復能力。研究指出，其可將森林土壤中的汞、銅和鋅等金屬積累到其子實體當中。[141]

子實體特徵

菌傘

- 5~25 公分寬
- 平面或凸面
- 鮮紅色或橘色至黃色
- 點綴著凸起的白色疣狀結構

菌褶

- 白
- 緊密或密集
- 無或菌柄上幾乎無

菌柄

- 5~20 公分高
- 1~3 公分厚
- 基部球狀菌托
- 白色至黃白色
- 光滑或鱗片狀
- 乳色上環，可能有齒狀物

孢子

- 白色
- 橢圓形

野地描述

棲息地

常見於與樹木（尤其是松樹、雲杉和樺樹）的菌根關係中，成群或環生於土中。在澳洲，它與桉樹生長一起，這與常在歐洲和亞洲的雪松棲息地發現它們，形成鮮明對比。

分布範圍

遍布北美、歐洲、亞洲和澳洲。

產季

夏、秋。

古巴裸蓋菇
PSILOCYBE CUBENSIS

俗名

神奇蘑菇（Magic Mushroom）、致幻菇（Shroom）、金蓋菇（Gold Cap）、立方體（Cube）

科	腹菌科
屬	裸蓋菇屬
種名意義	古巴

1904年，古巴裸蓋菇首次在古巴被採集到，所以種名*Cubensis*意為「來自古巴」。它的菌傘呈金棕色，上面有白色斑點，觸摸時容易轉成藍色。這個具有魔法的菇，卻是一種喜歡生長在糞便上的真菌物種，所以它會出現在草食牛的附近。它吸收糞便中的養分並形成子實體釋放孢子，孢子又在其他糞堆中發芽。

歷史與文化

古巴裸蓋菇是世界上種植最多的致幻菇，尤其是「金老師」（Golden Teacher）菌株。在麥肯南兄弟著作《裸蓋菇素：神奇蘑菇種植者指南》的指導下，前往中美洲和南美洲尋找這些致幻菇並帶回孢子的旅行者，可以在家中種植自己的致幻菇。這不是一個很難種植的物種，憑藉有限的設備、零經驗和八週的愛心與耐心，大量的古巴裸蓋菇可以在任何黑暗、空蕩蕩的櫥櫃裡生長。

特性

食用面

可食用。然而其具有精神活性，不建議家庭聚會時服用。

藥用面

可供藥用。含裸蓋菇素和脫磷酸裸蓋菇素，它們處於治療憂鬱症的第二期臨床試驗中。更多使用裸蓋菇素和脫磷酸裸蓋菇素的臨床試驗正在進行中，以幫助治療臨終焦慮症、創傷後壓力症候群、厭食症、酗酒、吸菸成癮和許多其他心理健康問題。

精神活性

會影響精神行爲。主要活性化合物是裸蓋菇素和脫磷酸裸蓋菇素，在二十至六十分鐘內會出現不同的致幻效果。

環境修復能力

無。

子實體特徵

菌傘

- 1.5~10 公分寬
- 鐘形、凸形或扁平形
- 白色，但中心爲棕色，受損後呈藍色
- 可能有小白點

菌褶

- 紫褐色
- 緊密
- 連接或與菌柄分開

菌柄

- 5~15 公分高
- 0.5~2 公分厚
- 受損後會由白色轉爲黃褐色
- 光滑如絲
- 薄的上部環

孢子

- 紫褐色至黑色
- 橢圓形

野地描述

棲息地

生長在牛糞中，偶爾也能在馬和大象糞便中見其身影。

分布範圍

全世界都可以找到。遍布東南亞、印度、澳洲和美洲的熱帶和亞熱帶氣候區。

產季

夏、秋。

光蓋裸蓋菇

PSILOCYBE CYANESCENS

俗名

波浪傘蓋（Wavy Cap）、青菇（Cyan）

科	腹菌科
屬	裸蓋菇屬
種名意義	變成暗藍色

成熟時，光蓋裸蓋菇的菌傘邊緣會翹起並形成其標誌性的波浪形狀。焦糖棕色菌傘的表面光滑且觸感濕潤，這是因為其具有可以剝離的凝膠狀薄膜。光蓋裸蓋菇在世界各地被大量種植，並因其高裸蓋菇素含量而廣受歡迎。但要小心的是，長相與其極為相似的致命紋緣盔孢傘（*Galerina marginata*），它們生長在相似的棲息地。

歷史與文化

目前對於光蓋裸蓋菇的起源地沒有廣為接受的定論，它似乎更喜歡生長在人為區域環境中，會在覆蓋地和木屑上大量生長。有一種理論認為，它的孢子會搭便車進入木屑供應中心，並在以商業規模分散以控制雜草的覆蓋物上生長，這也解釋了可以在公共場所頻繁大量採收光蓋裸蓋菇的原因。

特性

食用面

可食用。然而光蓋裸蓋菇具有精神活性，不適合膽小的人。

藥用面

可供藥用。含裸蓋菇素和脫磷酸裸蓋菇素，它們處於治療憂鬱症的第二期臨床試驗中。

精神活性

會影響精神行爲。生長在北美的品種，其子實體被認爲是最有效的致幻菇之一。主要活性化合物爲裸蓋菇素和脫磷酸裸蓋菇素，在二十至六十分鐘內會出現不同的致幻效果。

環境修復能力

無。

子實體特徵

菌傘

- 1.5~4 公分寬
- 邊緣呈波浪或上翹狀
- 棕色至黃棕色，受損後會呈藍色
- 潮濕的時候會變黏

菌褶

- 棕色
- 緊密
- 與菌柄相連

菌柄

- 2~8 公分高
- 0.2~1 公分厚
- 乳白色，受損後會呈藍色
- 平滑
- 可能有上環

孢子

- 紫褐色至黑色
- 橢圓形

野地描述

棲息地

在覆蓋的植物床、木屑和鋸末等木質基質上以一大群簇生，通常有數百甚至數千朵。

分布範圍

全球皆有分布。遍布北美、歐洲、澳洲、紐西蘭、伊朗、北非和亞洲。

產季

秋、冬。

墨西哥裸蓋菇

PSILOCYBE MEXICANA

俗名

墨西哥蘑菇、墨西哥裸蓋菇（Teonanácatl，納瓦特爾語，意爲的衆神血肉）、細絲（Zize，馬薩特克語，意爲小鳥）

科	腹菌科
屬	裸蓋菇屬
種名意義	墨西哥

墨西哥裸蓋菇是一種纖細的小蘑菇，可以長到十二公分高，菌傘為鐘形淡棕色。藉由允許其菌核作為「魔法松露」出售的漏洞，讓它在荷蘭可以合法被使用。菌核形成硬化的菌絲體，讓墨西哥裸蓋菇可以應對乾旱或缺乏營養等惡劣條件。根據基質的不同，菌核所含的裸蓋菇素和脫磷酸裸蓋菇素含量大約是乾菇的一半。菌核的味道類似辛辣的致幻菇，但具有核桃的獨特質地。

歷史與文化

墨西哥裸蓋菇將致幻劑帶進現代西方世界。1955年第一批西方人沃森和理查森參加了薩賓娜在墨西哥舉行的療癒儀式。當時薩賓娜在原住民致幻菇儀式「貝拉達斯」中使用的，就是墨西哥裸蓋菇。在沃森第二次拜訪薩賓娜的時候，法國真菌學家羅傑・海姆（Roger Heim）與之同行，目的是為了確定如何在實驗室培養墨西哥裸蓋菇。他們也把樣本寄給發現並開發LSD的霍夫曼，他成功分離且合成了當中的活性化合物，並將這些化合物命名為「裸蓋菇素」和「脫磷酸裸蓋菇素」。

特性

食用面

可食用。然而，墨西哥裸蓋菇具有精神活性，工作時食用並不安全。

藥用面

可供藥用。包含裸蓋菇素和脫磷酸裸蓋菇素，它們處於治療憂鬱症的第二期臨床試驗中。

精神活性

會影響精神行爲。主要活性化合物是裸蓋菇素和脫磷酸裸蓋菇素，在二十至六十分鐘內會出現不同的致幻效果。

環境修復能力

無。

子實體特徵

菌傘

- 0.5~2 公分寬
- 鐘形或圓錐形
- 淡棕色、棕色或紅棕色，受損後呈藍色
- 光滑，略微半透明，邊緣呈鋸齒狀

菌褶

- 灰色至紫褐色
- 菌褶之間距離遠
- 與菌柄相連

菌柄

- 4~10 公分高
- 1~3 公厘厚
- 淡棕色、棕色或是紅棕色，受損後呈藍色
- 光滑如絲

孢子

- 深紫褐色
- 橢圓形

野地描述

棲息地

生長在路邊、小徑和森林附近的草地上，但它更常長於糞肥豐富的草地。

分布範圍

原產於北美洲和中美洲。

產季

春、夏、秋。

暗藍光蓋傘

PSILOCYBE SEMILANCEATA

俗名	
自由帽	
科	腹菌科
屬	裸蓋菇屬
種名意義	矛形

又被稱為「自由帽」，是1960年代首個被證實含有裸蓋菇素的歐洲物種。種名*Semilanceata*意為「矛形」，指的是細長菌柄上尖尖的圓錐形菌蓋。在青草地中看起來又小又脆弱的暗藍光蓋傘，是世界上最強大的致幻菇之一。其亦可形成菌核，也就是真菌的休眠形式，以抵禦自然災害。暗藍光蓋傘的裸蓋菇素濃度很高，這也讓服用者的致幻體驗非常直觀，且其引導出的致幻體驗，持續時間比其他物種帶來的更長。

歷史與文化

暗藍光蓋傘是歐洲的標誌性物種，其俗名源於四世紀羅馬帝國的一個傳統——當時會將一頂由柔軟毛氈製成的「自由帽」送給獲釋的奴隸，以象徵他們在社會中的新地位。自由帽在十八世紀法國和美國革命中被當成政治象徵，戴在桿子上象徵反抗。這個名字恰如其分，因為暗藍光蓋傘也是當今內心革命的象徵。

特性

食用面

可食用。然而，暗藍光蓋傘有精神活性，食用會引起幻覺。

藥用面

可供藥用。包含裸蓋菇素和脫磷酸裸蓋菇素，它們處於治療憂鬱症的第二期臨床試驗中。

精神活性

會影響精神行爲。主要活性化合物是裸蓋菇素和脫磷酸裸蓋菇素，在二十至六十分鐘內會出現不同的致幻效果。

環境修復能力

無。

子實體特徵

菌傘

- 0.5~2.5 公分寬
- 鐘形或圓錐形，中央凸起
- 棕色至棕褐色，受損後呈藍色
- 放射狀溝，潮濕的時候會變黏

菌褶

- 灰色至紫黑色
- 緊密或密集
- 與菌柄連接

菌柄

- 4~12 公分高
- 1~3 公厘厚
- 棕色至棕褐色，受損後呈藍色
- 光滑而脆弱

孢子

- 深紫褐色
- 橢圓形

野地描述

棲息地

在肥沃草原上單獨或成群生長，但不直接長於糞便上，是以腐爛草根爲食的腐生眞菌。

分布範圍

廣泛分布於世界各地的溫帶地區，尤其是北美和英國。

產季

夏、秋。

ENVIRO

ENVIRONMENT

MENT

環境

ENVIRONMENT

真菌可以將一系列有機廢棄物轉化為幾乎任何形狀、強度和密度的高性能材料。與傳統材料相比，蘑菇材料的生產使用更少的水、能源和土地，且在循環過程中不會產生浪費，因為所有材料都可以作為堆肥。

真菌可以拯救世界

大家都瞭解，我們從自然界索取的，遠多過於我們回饋的。脫離與陸地和海洋和諧相處的卑微起點後，如今我們已利用人類的集體力量，將自己組織成宏偉的城市和文化。自遠古時期用打火石生火，到了現在，我們已能創造核融合，而這也正是為太陽和星星提供動力的過程。從大多數衡量標準來看，人類的表現都好到難以想像。然而，從大自然的角度出發，人類已被這種進步的驚人速度所吸引，並超越大自然律動的穩定節奏。我們忘了一件事：自然不是人類世界的一部分，反之，我們才是屬於自然的一部分。

你大概不會感謝廣闊天地萬物中的生命不可能性，但我們也只是地球上短暫且臨時的租客。我們所沉浸的文化、技術和信仰當中的現代文明，僅代表地球四十五億年歷史的0.00002%。我們作為轉瞬即逝的存在，更應該景仰已歷經數十億年過程的星球，而且這個過程會在人類都消失在地球上之後持續運作很長的一段時間。然而我們卻反其道而行，一直與自然系統競爭，並總想戰勝自然系統。

在1979年的第一次世界氣候大會上，來自五十個國家的科學家承認，氣候變化的驚人趨勢迫切需要採取行動。[142]從那時起，科學家、社會運動家和公民年復一年地敲響警鐘，因為我們正處於自己造成的氣候緊急狀態當中。我們只有一個地球，除非找到另一個地球，否則我們就需要尋求解決方案來解決自己星球上的問題。

地球是一個封閉迴路系統，所有自然物質都以固定且有限的數量存在。我們所擁有的就是我們僅有的，而且固定數量永遠不會變多。為了讓地球上的生命得以延續，物質必須一次次地循環利用。大自然就是一個循環的系統，當植物死亡時，養分會回饋到土壤中，供生態系統的其餘部分使用。但是，我們目前的供應鏈和消費習慣卻是線性的，「取用－製造－使用－處置」的模式終點就是垃圾掩埋場。

毫無疑問，未來的工業將選擇實施支持循環經濟的設計原則。現在這樣的狀況正在發生，應用的原則包括將材料保持在使用循環中、設計排除廢棄物以及與生命系統合作，以最大程度地減少環境污染。

對我們來說，幸運的是有一個擁有十億年經驗的自然生物界已準備好等待分享。但我們能否放慢腳步從而吸取教訓呢？真菌一直在陰暗角落努力工作，但是真菌在對我們認為理所當然的自然過程當中，扮演著非常重要的角色。科學、生物技術和商業領域的先驅們正在瞭解真菌幫助我們解決問題的力量。真菌的驚人應用，將去除環境中的毒素和污染物，也就是「真菌修復」（Mycorestoration）變為可能，而真菌設計（Mycodesign）和真菌製造（Mycofabrication）這種將廢棄物轉化為有用材料和產品的過程亦然。一項汲取這些經驗教訓並拯救我們世界的全球運動正在進行當中。

我們只有一個地球，除非找到另一個地球，否則我們就需要尋求解決方案來解決自己星球上的問題。

5.1

真菌修復

我們可以透過真菌的一系列自然能力來治癒受損的棲息地，也就是真菌修復。科學家可以利用真菌的分解能力，並對其進行改造以分解環境中的污染物，尤其是外源物質（Xenobiotics）。外源物質是由人類引入、自然界中不存在的化學物質，例如殺蟲劑、化妝品、工業化學品和藥物。

白腐真菌的發現推動了真菌修復的研究。白腐真菌是一群腐生真菌，具有分解外源物質的獨特能力。菌根和寄生真菌也在真菌修復中發揮作用，因為它們可以蓄積有毒金屬。

環境工程師哈爾巴揚・辛格（Harbhajan Singh）於2006年出版了第一本關於真菌復育的綜合性書籍，名為《真菌復育：真菌的生物復育》（*Mycoremediation: Fungal Bioremediation*）。另外，著名的真菌學家和企業家的保羅・史塔曼茲，在2005年出版的《菌絲體運行：蘑菇如何幫助拯救世界》（*Mycelium Running: How Mushrooms Can Help Save the World*）一書，讓他成為這方面的領導人物。儘管人們對此興趣日益濃厚，但這仍是一門剛起步的科學，且仍處於實驗階段。

要把實驗室發現轉移到現實中是困難的，因為需要由化學家、環境保護主義者、真菌學家、植物學家、監管專家、現場經理等專業組成的跨領域團隊，才能化發現於執行。沒有靈丹妙藥，也沒有放諸四海皆準的方法，所需要的是經年累月不斷地與大自然合作。

將實驗室發現規模化以實現商業可行性更加困難。補助款和機構投資很難獲得，沒有這些投入，學者們就必須改變研究領域。開創一個新的科學領域具有挑戰性，需要時間、金錢和毅力。特殊情況得有特殊的解決方案，而真菌就可以提供這些解決方案。

真菌過濾：濾水器般的用途

地球是我們太陽系中唯一已知表面有液態水體的行星。這種清澈的液體是我們最寶貴的資源之一，但供應卻很有限。地球上只有不到1%的水可以取得並適合使用，目前由家庭、農業和工業共享。地球上超過97%的水含鹽量過高，2%的淡水被鎖在地下水、冰川和冰帽當中。[143]

在過去的一百年裡，世界人口增長了四倍，而世界用水量增長了六倍。工業革命和現代管道系統以前所未有的速度為用水量開路。這種效率，加上對水的需求增加，導致全球水資源短缺。

沖馬桶或使用洗衣機會產生廢水，而這些廢水在處理之前是不能重複使用的。世界上大約有80%的廢水在未經處理之前，就被排入河川之中，這讓水生態系統的健康處於危險之中。[144]即使在已開發國家，由於處理廠老舊、污水溢流和家庭廢水處理系統效率低下，使得廢水並未得到適當淨化。未經處理的廢水來源很難確定，因為它有多種來源，通常還包括農業逕流和暴雨逕流。

真菌過濾是一個負擔的起、可以執行，又有前途的解方，過程是以真菌菌絲體作為生物過濾器來捕獲和去除水和土壤中的污染物。根據真菌種類的不同，菌絲體甚至可以吞噬和消化農藥、汞和石油產品等污染物。如果以顯微鏡觀察真菌，可以知道菌絲體細胞的寬度約為0.5~2微米（一根人類頭髮的寬度為50微米），並長成為類似網狀織物、相互連接的細胞。

憑藉1970年代這些觀察而得的知識，保羅・史塔曼茲設想這種由相互連接細胞組成的結構可以成為生物過濾器。他在自己的濱水農場測試了這個假設，在水池周圍安裝了裝滿基質的大型麻袋，這些基質接種了大球蓋菇（*Stropharia rugosoannulata*）的菌絲體。當水通過時，裝滿真菌菌絲的麻袋形成網狀屏障以捕獲污染物。這種真菌過濾器淨化了水，讓存在於動物消化道和動物排泄物中的大腸菌群數量降低了一百倍。真菌過濾器成功地減少了水中的糞便，減輕受污染水對下游的影響。此一發現後來得到美國環境保護署（EPA）的調查和證實。

真菌過濾器可以像裝滿濕稻草和木屑並接種菌絲體的粗麻布袋一樣簡單，且價格低廉，設置簡單。此外，真菌過濾器體積小，所以對生態的影響最小，可以被安裝在農場、市區、道路和工廠等場所周圍。在這些區域安裝真菌過濾系統，有助於在廢水返回河川前對其進行淨化。

菌絲體以其對有機物永不滿足的飢餓而聞名。具體而言，蠔菇能夠處理和消除大腸桿菌（*Escherichia coli, E. coli*）等細菌，利用其菌絲細胞膜從受污染的水中濾除微生物病原體。

蘑菇山公司（Mushroom Mountain）真菌學家兼所有者特拉德・柯特（Tradd Cotter）舉辦了關於建立真菌過濾系統的研討會。「我們正在使用一個看起來像蟹籠的籠子，裡面可以裝滿木屑。它會持續使用一兩年；如果籠子留在原來的位置，就可以將它清空並重新裝滿新的木屑。」[145]

作為一門剛起步的科學，真菌過濾得商業應用確實不多，但這並沒有阻止企業主試驗這個真菌的能力。

眞菌林業：森林和土壤的建造者

森林覆蓋了地球上三分之一的土地，其多樣化的棲息地是世界上已知80%動植物的家園。至於人類，農村地區的數十億人靠森林獲取食物、住所、藥物和水。森林也是應對氣候變化的重要參與者，因為它們能充當碳匯（Carbon Sink），吸收或封存大量二氧化碳並將碳儲存在木材中。原始森林尤其重要，因為它們的根部已深入土壤幾個世紀，並從大氣中吸收額外的碳，有助於應對當今不斷上升的氣溫。

然而，合法和非法的森林砍伐仍在繼續，這除了會讓生物多樣性永久喪失，還引發了土地退化影響的多米諾骨牌效應（Domino Effect），包括侵蝕加劇、土壤肥力下降和枯木堆積。不幸的是，這種「廢棄物」的標準處理方式就是焚燒，如此反而會向大氣中釋放更多的溫室氣體，並破壞木材中的養分再循環回土壤的可能性。讓物質重新有效循環，就需要實踐永續的森林管理，其中之一就是以真菌作為森林和土壤建設者的真菌林業。

森林中的枯木可以被切成小塊，然後接種當地腐生真菌以加速分解過程。這會將重要元素和養分重新引導回土壤，供森林的其他部分使用。真菌也會在菌絲尖端產生用來儲存碳的球囊黴素（Glomalin），這是一種黏性物質，可將土壤顆粒結合在一起形成土壤結構。這些結構使土壤通氣，有助於保持水分和養分，並使受影響的棲息地再生。

與森林和海洋一樣，土壤也是寶貴的碳匯。研究發現，瑞典北方森林島嶼中的菌根真菌吸收了土壤中所存總碳量的70%。[146]也就是說，連接到菌絲體網路的樹木從大氣中吸收碳，然後將其轉移到菌絲體中進行儲存。[147]真菌可說在調節全球氣候方面發揮著關鍵作用。

上南普拉特河聯盟分水嶺北支流（Coalition for the Upper South Platte）統籌者兼丹佛植物園（Denver Botanic Gardens）研究員傑夫・拉維奇（Jeff Ravage），讓真菌林業在科羅拉多州付諸實行。2016年，他和研究團隊在丹佛山地公園設立了兩個測試場。

這些測試場地是被被砍伐且廢棄的林地，保留著三十公分厚的廢木材，散布在整個森林地面上。拉維奇的團隊分別在此二地點使用肺形側耳（*Pleurotus pulmonarius*）和黑脈羊肚菌（*Morchella angusticeps*）等木材腐朽物種，藉以取得幫助。

五年多來，第一個地點的真菌分解了木屑，並形成五公分厚、有機、含礦物質的土壤，且有種子從中發芽的表土，上面還覆蓋著幾公分厚的部分已分解有機物。在這之前，地面只是布滿灰塵的碎石。第二個地點呈現出真菌生長速度較慢的狀況，但兩年內還是分解了75%。所以該團隊將在2021年對該地進行第二次真菌接種，以進一步調查結果。

想開始你自己的真菌林業工作嗎？可關注拉維奇的一篇論文，他想

「創造有用的工具並做免費分發，因為我們沒有足夠的時間讓別人弄清楚如何藉由拯救地球獲利。我們不是要創造專利。」他這麼說。「怎麼可以把自然申請成專利呢？」[148]

真菌林業仍是環保團體和志願者所進行的實驗性林業訓練。補充森林土壤、提高土壤肥力和增強森林生態系統的恢復力，這些都具有生態和經濟利益。越多林業管理團體、伐木公司和理事會決策者採用真菌林業，將會推動科學向前發展並保護森林的未來。

真菌復育 1：毒素的清除者

我們可能看不到、嚐不到也感覺不到，卻被一系列環境毒素困擾著。河川中的塑膠微粒、空氣中的奈米顆粒和土壤中的有毒化學物質皆由人類活動引入，並已被視為疾病和死亡的無形原因。世界各地的空氣、水和土壤中都含有大量污染物質。

傳統的復育方法，例如利用危害廢棄物設施處理、焚燒以及化學處理等方式，既昂貴又耗能，而且只是將污染物轉移到別人的土地上而已。我們迫切需要找到更永久的解決方案，來清理人類在地球上造成的混亂。許多科學家開始求助於真菌復育，也就是透過真菌淨化環境。畢竟，真菌是大自然的分解者，而且此一策略逾十億年確實有在地球發生效用。

在森林中，養分主要來自倒下的樹木。樹木被分解後，養分就會被釋放出來。樹木堅固的樹幹之所以強韌，是由於一種被稱為木質素的複雜材料，將組成木材的元件鍵結在一起的關係，而且只有真菌才能分泌出足以分解木質素的酵素。對我們來說，幸運的是，木質素中的鍵結與石油、殺蟲劑、塑膠、染劑和一系列其他毒素中的鍵結類似，這表示菌絲體可以分解多種毒素中存在的碳氫化合物。其中，特別是被稱為白腐真菌的腐生真菌種類，例如蠔菇和雲芝，相對容易生長且對分子分解特別在行。

2016年，加州的菇類養殖場真菌蓋亞農場（Fungaia Farm）使用蠔菇菌種，藉以復育因受儲存槽滲漏的數加侖柴油所污染的土地。他們清除了受污染的土壤，並將其放置在接種蠔菇的新鮮稻草和粗麻布層之間。當菌絲體開始工作並以石油為食，就會穿過富含石油的土壤的縫隙。後續的檢測顯示，所有污染都降低到無毒含量，一些土壤甚至已無柴油蹤跡，可以開墾土地進行景觀美化。

真菌蓋亞農場的擁有者萊文・杜爾（Levon Durr）表示該計畫本身並非完美無缺，而且此後他也發表了一份報告來幫助基層從業者。[149]到了2020年又發現一起柴油滲漏事件，真菌蓋亞農場團隊盼再次以接種菇類的方式對土壤進行毒物去除，但要說服土地所有者嘗試真菌復育，頗具挑戰性。杜爾說：「在現場進行一次土地復育處理可能要花費一萬五千美元，而且費用很快就會累積增加，因為這是一個生物處理過程，可能需要在一年內進行多次處理才能使土壤達到無毒含量……相較之下，一次付清四萬五千美元，請人來將汙染的土壤挖起並清運走，這樣做簡單多了。」[150]

這些戶外計畫的自然條件也很難控制，例如上個月可能寒冷多雨，但下個月可能又乾又熱。如果溫度太高，成堆的土壤和粗麻布會變成堆肥並殺死菌絲體，因此控制現場的無數變量需要耐心和韌性。真菌蓋亞農場將繼續為那些以養殖菇類作為食品生產的菇農和真菌復育計畫，提供教育與菇類菌種。

真菌循環公司（Mycocycle）由喬安妮・羅德里格斯（Joanne Rodriguez）和首席科學家彼得・麥考伊（Peter McCoy）所創立，且他們開創了一個新行業：透過真菌，從垃圾掩埋場改變廢棄物用途。他們正在處理來自屋頂、瀝青和化學製造行業的廢棄物，當菌絲體大量消耗廢棄物並將其結合在一起，真菌循環公司便透過這個過程創造出新材料。製造商對於具有成本效益且可持續使用的廢棄物處理解決方案有著濃厚興趣。羅德里格斯在量化真菌復育方面所面臨的挑戰是「缺乏跨領域背景的人，將這些發現從實驗室轉移到現實世界的應用當中」。[151]為解決這個問題，真菌循環公司在2020年發起一項股權型群眾募資活動，鼓勵人們加入這項事業並加速變革。麥考伊也是「真菌話語」（MYCOLOGOS）的創辦人，這是一個關於所有真菌的線上教育平台。

真菌復育 2：塑膠的降解者

儘管塑膠只出現七十年，卻已無所不在。塑膠雖堅韌但具彈性，加上經久耐用、生產簡單、成本低廉等特性，徹底改變了我們的世界。範圍廣泛的不同類塑膠製造始於原油的鑽探，然後將原油加熱以形成稱為塑膠聚合物的碳鏈。

2017年，對所有塑膠製品的全球分析顯示，有79%（六十六億噸）作為廢棄物堆積在環境中、12%被焚燒，只有9%被回收。[152]雖然它們的耐用程度無可否認地好，但某些塑膠製品（例如塑膠瓶罐和餐具）的使用壽命卻極短。有一半的塑膠製品會在一年內變成了垃圾。[153]

預期中的塑膠產量只會增加，因此研究分解塑膠的有效解決方案對於減輕河川、海洋和城市的污染來說非常重要。廢棄物通常必須焚燒許久，且會排放有害污染物到環境當中。截至目前，分解塑膠的唯一環保方法是「光」——利用陽光中的紫外線來分解塑膠分子。不幸的是，由於垃圾掩埋場的垃圾很少暴露在陽光下，因此可能需要長達一千年的時間才能被分解掉。這些塑膠材料在自然界中不存在，因此自然界的生物還沒有演化出有效分解它們的能力，如果有的話也很罕見。也就是說，直到最近，我們也才發現能分解塑膠的特定真菌物種。

2017年，中國昆明植物研究所科學家在巴基斯坦的垃圾堆中發現了一種名為塔賓麴（*Aspergillus tubingensis*）的微真菌，它可以分解聚氨酯。[154]這種真菌分泌的酵素會破壞塑膠分子之間的鍵結，使其能攝取塑膠作為食物。這種真菌還利用其菌絲體的物理強度來幫助分解分子，使分解過程縮短至幾週的時間。由賽盧・卡恩（Sehroon Khan）博士領導的團隊此後發現了五十種其他真菌菌株，可以分解其他類型的塑膠，並正在努力尋找這些真菌繁殖的最佳環境。唯一的問題就是資金有限。在培養皿中尋找一種可以分解塑膠的真菌，與在垃圾掩埋場進行商業化部署是截然不同的狀況。

另一種解決方案是設計可以被細菌和真菌進行生物降解的塑膠，這不僅能減少塑膠污染，還可以減少社會對原油合成塑膠的依賴。當死去的生物體被掩埋並歷經數百萬年的高溫和高壓時，原油就會形成，也因此被稱為「化石燃料」。我們與塑膠的短暫戀情不可避免地終會結束，只是時間未到。

真菌農藥：害蟲清除專員

所謂的害蟲，指的是造成破壞和傳播疾病的任何生物。聯合國糧食及農業組織估計，全球每年有20~40%的作物產量因害蟲影響，造成全球經濟損失約兩千兩百億美元。[155]常見的流行害蟲包括昆蟲、雜草和微生物病原體，它們侵襲糧食作物、牲畜和建築結構。

2019年，全球農藥行業產值是八百四十五億美元，主要來自幫助農民控制或殺死害蟲的合成化學產品。[156]這些合成的解決方案雖然有效，但它們與抗生素有同樣的問題：過度使用反而會助長抗藥性，增加害蟲對農藥暴露的耐受程度。這使得我們需要使用越來越多的化學品，才能達到與過去相同的有效性程度，而過多的化學品會被釋放進入大氣，從而使更多毒素進入生態系統產生危害，如此惡性循環。

想像一下，你所在的當地農民在你最喜歡的茄子作物上噴灑化學混合物以驅趕惡名昭彰的馬鈴薯甲蟲，然而這些化學物質經常會流入附近河川傷害魚類和動物，並使水質變得不再適合飲用。當你吃下茄子時，殺蟲劑也會進入你的身體。正在進行的研究還顯示，接觸殺蟲劑與先天缺陷、癌症和注意力不足過動症（ADHD）有關。[157]

我們迫切需要對環境危害較小的殺蟲劑。美國環境保護署（EPA）將生物農藥定義為「從動物、植物、細菌和某些礦物質等天然材料中萃取的農藥」。[158]有一種前景看好的解決方案，就是真菌農藥，這是一種使用黑殭菌（*Metarhizium anisopliae*）作為活性成分的生物農藥。黑殭菌是一種蟲生病原真菌，一種會以昆蟲和其他害蟲為食的寄生真菌。當昆蟲與蟲生病原真菌接觸時，真菌孢子會附著其上，在牠們體內生長並以器官為食，直到它們癱瘓或死亡。

生物農藥中的真菌可以藉由選擇性育種進行培養，以區分「好昆蟲」和「壞昆蟲」，這樣它們就不會傷害蝴蝶、傳播花粉者和其他有益昆蟲。高達95%的化學殺蟲劑未真正作用到目標害蟲身上[159]，與之相比，真菌生物農藥對環境的影響較小，對人類或其他動物無害，且被認為可安全用於有機農業上。研究人員正急於將這種真菌的創新應用做商業化推廣。該領域的領導者們有一個著名理念：不要對昆蟲界發動戰爭，而是在害蟲威脅到人類、經濟或環境時爭取真菌的防禦手段。目的是尋求平衡，而不是滅絕。

真菌永續農業：農夫之友

我們的糧食系統正面臨一項挑戰：要確保充足生產和公平分配糧食，同時還需保護自然、防止氣候變遷。利用地球有限資源的同時要養活更多人，這個結果無疑是嚴峻的。我們已經占用了空間來滿足對能源、水、農業用地和原材料的需求。為了應對這些影響，人們對於在設計住家、食品和社會系統時，考慮到自然的心激增，從而形成一波稱為永續農業的運動。

1970年代，澳洲人比爾・莫利森（Bill Mollison）與大衛・霍格倫（David Holmgren）開始倡導改變傳統農業施作的方法，也就是永續農業。永續農業以一系列受自然啟發的規畫和設計原則為基礎，當中包括恢復土壤、節約用水、廢棄物再利用，以及種植一年四季的糧食作物。這樣做之後建立了有彈性、自給自足的系統，並為種植者創造了豐富的資源。永續農業是一種行動主義形式，可以將種植者與現有工業化食品生產系統及其廣泛的環境影響分離開來。永續農業創造的自給自足、再生和相互連結不僅限於食物，還可以應用在生活的各個方面。莫利森和霍格倫希望這能成為我們思考和生活方式的「永久文化」。

永續農業的影響力越來越大，並貫穿於城市食品園藝和可持續的農業圈。你可能已經知道，有人會安裝雨水桶、太陽能電板、堆肥箱、蚯蚓托盤或他們自己的雞圈，另外還有許多人喜歡種植菇類和藻類，甚至是進行發酵試驗。永續農業系統中的真菌流行催生了「真菌永續農業」（Mycopermaculture）一詞的出現。作為大自然的回收者，真菌完成了整個循環並確保所有生命環境的和諧。

想像一下你花園中的真菌永續農業系統，該系統將花園廢棄物回收為真菌的營養食物。當菌絲體消耗花園廢棄物時，它會為真菌子實體的發育創造一個啟動臺，為你和你的家人創造大量潛在的食用和藥用菇類，並提供飼料給在花園裡漫遊的牲畜（動物喜歡菇類）。不僅如此，副產物還可以放入花園的土壤中，以增強其養分和微生物群落。

真菌已證明它們在當今永續農業運動興起中的重要性。菌根真菌增加植物的恢復力和土壤中養分循環的速度，而腐生真菌加速有機物的分解。

小而緩慢的系統比大系統更容易維護。憑藉一定的耐心、敏銳的初學者思維和正確的資源，即使是生活在城市裡的假日農夫，也能讓生活產生很大的不同。永續農業革命是可能的，它可以將我們從過度消費和浪費的社會束縛中解放出來。個人的行動，就是對「希望成為什麼類型的人」以及「希望打造什麼類型的社會」的一種選擇。

未來展望

也許最重要的是，儘管我們在地球上面臨挑戰，但真菌為大家帶來希望，讓人類不僅可以生存，還能茁壯成長。儘管真菌修復是一門新科學，但由基層從業者領導的小規模真菌復育正在世界各地進行著。每一根菌絲，讓我們朝著治癒星球的方向又邁進了一步。世界各地的復育者所面臨的挑戰，是在最有效的成本效益與對生物圈最小額外的干擾之下，實現大規模的環境修復。

作為大自然的回收者，真菌完成了整個循環並確保所有生命環境的和諧。

如何利用咖啡渣養殖菇類

有時我們只需要轉換一下視角，所見就會大不相同。自然界是不存在廢棄物的，一切皆可重複使用；同樣的道理，生活廢棄物也可以重新利用，成為能創造食物的有用材料。你可以使用家中現有或以低價購買的材料來做到這一點。

利用真菌永續農業的原理，我們可以回收一種常見的家庭廢棄物——用過的咖啡渣，而且在不到八週的時間內種出食用菇類。採收後的副產品還可用作花園的生物肥料，完成資源再生的循環過程。

你需要什麼？

準備什麼	多少量	為什麼	說明
使用過的咖啡渣	有多少就用多少（供應量穩定的話）	用過的咖啡渣營養豐富，在咖啡沖泡過程中就已經過殺菌和補水處理。	確保咖啡渣已放涼，如此接種的菌絲體就不會因高溫而死亡。最好使用新鮮的咖啡渣，如果無法在二十四小時內使用，記得冷藏或冷凍，避免黴菌滋生。
使用過的咖啡濾紙（非必須）	任何可用的咖啡濾紙皆可	可以利用紙和紙板中的纖維素和碳元素。	使用前將濾紙浸泡在水中二十分鐘。
玻璃罐	容量 1 或 2 公升、有鐵蓋的罐子一個	罐子將盛放咖啡渣和菌絲體。	可以使用保鮮罐或梅森罐。
透氣膠帶	10 公分	透氣膠帶用來黏貼蓋子上的孔，並且要夠薄、夠通氣，以利菇類生長。	可以在一般藥妝店或家居用品店找到這種膠帶。
蠔菇穀粒菌種	50 公克	菇類穀粒菌種看起來有點像棕色的小花生，含有菌絲體，就像菇類生長的幼苗一樣會開始在咖啡渣中繁殖。	可透過網路搜尋，或聯絡在地菇類生產商。如果穀類菌種沒有立即使用，可以將其存放在冰箱裡。
手套（任何材質）	幾雙	手套可以讓設備保持無菌、乾淨，也可以防止因為噴酒精消毒而造成的手部乾裂。	每次接觸任何設備前，都要對手套進行消毒。
異丙醇或酒精（70%）	一小瓶	酒精會用在每個步驟之間的設備與手套消毒。	接觸到的所有東西都必須經過消毒，如此培養過程才可避免競爭性微生物的污染。

怎麼做？

準備

1. 在每個過程間使用異丙醇或酒精對手套進行消毒。此步驟能有效防止其他微生物污染。
2. 在蓋子上挖兩個圓孔（每個大約2公分寬），均勻分布在蓋子的中線上。
3. 將罐子和蓋子放入沸水中消毒至少十分鐘（確保將其完全浸泡在沸水之中），並在消毒後徹底乾燥。
4. 用兩片透氣膠帶貼住蓋子上的孔（剛好能蓋住孔洞為佳）。

接種和養殖

5. 如果菇的穀粒菌種呈塊狀，可以用手把它捏散，並將其與用過的咖啡渣混合。一開始將混合物裝至2~3公分高。穀粒菌種與咖啡渣的比例為1：10就夠了，不需要太多的穀粒菌種。但如果穀粒菌種夠多的話，多放一些也無妨，因為這樣可以更有效對抗競爭微生物。你還可以在混合物的上層和罐子內側撒上額外的穀粒菌種，讓菌絲體可以向內生長並阻止任何競爭微生物的繁殖。

6. 蓋上蓋子並將其存放在避光的房間或櫥櫃中二至四天，讓菌絲體在咖啡渣中繁殖。將溫度保持在24~27°C之間——溫度過高可能會殺死菌絲體並助長競爭微生物的繁殖，溫度太低可能會減緩菌絲體的生長過程。

7. 每天檢查罐子，看看菌絲體是否持續生長。咖啡渣會慢慢地被看似白色棉線的菌絲體包裹起來。看著它一天天成長，實在令人興奮。

8. 當咖啡渣完全長滿菌絲體後，在上面再添加2公分厚的咖啡渣。關閉罐子，將其放回避光的區域，等待菌絲體再次繁殖。重複這個過程，直到咖啡渣填滿罐子並完全被菌絲體覆蓋，這可能需要幾週的時間。要注意，以逐漸增量的方式重新裝滿罐子，可確保在養殖過程中能用完每日留存的咖啡渣，而不產生浪費。如果你有足夠量的咖啡渣能一次填滿整個罐子，只需混合適當比例並按相同過程操作即可。

出菇

9. 一旦咖啡渣長滿菌絲，將罐子放置在溫度17~20°C之間的潮濕區域。重要的是，這個區域要光線充足，但不要將罐子放在陽光直射的地方。

10. 每日檢查罐子，幾天後就會看到小菇蕾形成。在接下來的一週裡，菇的尺寸每天都會增加一倍。十至十二天之後，菇應該能穿過透氣膠帶孔。如果菇難以通過透氣膠帶的話，可以取下透氣膠帶。

11. 菇長到成簇，菌傘也開始向上生長的時候即可採收。以扭斷的方式採摘長好的菇叢。

重複動作

12. 這個第一批咖啡渣可以生產第二批或第三批的菇。一旦收穫第一批，把罐子放回同一個光線充足的地方。如果沒看到第二次出菇，請將罐子裝滿水，並在十二小時後將水倒乾，這樣做可以刺激菌絲體生長。重複此步驟可以觸發第三次出菇。

13. 第三次出菇後，菌絲體可能就不再長出菇了，這時可將80%的菌絲體咖啡渣取出弄碎，用作家庭花園的生物肥料。

14. 要培養新的一批菇，可以從第8步驟繼續，此時可以利用留下的菌絲體咖啡渣作為菌種，所以已經不需要添加新的穀物菌種。這樣做可以重啟一個新的咖啡渣養殖過程。別忘了為蓋子上的孔洞貼上新的透氣膠帶。

5.2

真菌設計與真菌製造

用於維持發達國家生活水準的產品，從家居裝飾到電子產品，皆由來自地球的原材料製成。這些材料經歷的工業加工過程會產生巨大的隱形成本，卻不為大眾所知。舉例來說，混凝土、鋼材和鋁這些最常用的結構材料，生產過程產生的二氧化碳就占全球排放量的22%以上。至於快時尚世界中的十美元短袖T恤，當中所使用的棉花在棉花種植最多的印度，每生產一公斤會消耗兩萬兩千五百公升的水，而且這些水不會有機會再被利用。[160]

然而，事實上未來是可以被培養出來的。對未來材料感興趣的設計師可以說是一群改革者，他們從大自然的設計系統中汲取靈感，並在材料循環經濟的基礎上體現現實。與其耗盡化石燃料、土地和動物等有限資源來滿足我們對材料的需求，不如藉著與生物體的合作培育所需材料。在可預見的將來，工業製造將會被生物製造所取代。材料會被種植、製造、使用，並在其生命週期結束時進行生物降解或再利用，完成循環經濟的資源再生循環系統。

不斷適應的菌絲體已成為新生物材料革命的核心，這也被稱為真菌設計和真菌製造。利用菌絲體，真菌可以將一系列有機和無機廢棄物轉化為幾乎任何形狀、強度和密度的高性能材料，而且整個過程可以達到低耗能與高效率資源利用的目的。真菌設計和真菌製造形成了一類新的材料和產品，與傳統產品及其製造方法相比，它們的永續性程度要高得多。

創造菌絲體材料的過程很複雜，但這裡提供一個簡化版本。首先，可以使用不同類型的有機廢棄物（例如玉米芯、雞蛋包裝盒或農業廢棄物）來製備基質。根據生長速度和廢棄物特性，選擇接種與之相容的真菌。菌絲體會從廢棄物中迅速生長，穿過基質迂迴行進並且與自身相互纏繞。隨著菌絲體的生長，它就像一種天然膠水，將基質黏合在一起，然後自組裝成與容器相符的形狀。生長基質可以在不到兩週的時間內轉化為先進的生物材料，然後將新材料從容器中取出，並在合適的溫度和濕度下進行乾燥。

這個過程就是真菌材料可以變成彈性片材、服裝材料與包材的一種方式。根據基質類型、所使用的真菌種類以及客製化的生長過程，材料特性可依照不同需求與性能做調整，例如以熱壓會強化複合材料使泡沫結構像木頭一樣硬。

左圖：這些圖顯示了菌絲體生長在麻感纖維覆蓋料中的三個階段——頂層為覆蓋料接種了孢子，中間層是菌絲體在覆蓋料上生長十二週，底層則為菌絲體完成定殖並長滿容器的每個角落。

在材料使用壽命結束時，它是100%可生物分解且可用作堆肥的。這種設計的再生程序所創造出的系統不僅高效，而且全無浪費。

所謂「複合菌絲體材料」，指的是用另一種材料（例如棉花、木材甚至金屬）來強化菌絲體的混合物。客製化程度讓養殖業者能更進一步控制好製造過程，且能為特定行業產出可與傳統材料（例如塑膠和木材）競爭和替代的材料。[161]

眞菌建築

建築既是一門科學，也是一門藝術，包含設計、規劃和建造。當我們對德國建築師于爾根・赫曼・梅爾（Jürgen Hermann Mayer）設計的西班牙「都市陽傘」（Metropol Parasol）發出驚嘆時，常會遺忘創作背後所花費的大量時間、精力和資源。「都市陽傘」由六把巨大蘑菇形狀的遮陽傘組成，是世界上最大的木造結構建築之一。如果希望維持今日的生活品質，我們就必須進一步的挑戰目前製造、使用和再生材料的方式。

工程用木材是最常見的建築材料之一，是一種多用途材料，具有多種強度、厚度、尺寸和耐用性。但是工程用木材的生產卻存在許多問題，例如為了獲得木材而砍伐天然林，而森林砍伐每年占全球溫室氣體排放量的15%。[162]另外，工程用木材只有85%是天然木材，其餘15%則來自化石燃料的有毒樹脂。這些樹脂是黏合劑，會釋放一種已知會致癌、被稱做甲醛的氣體。另一個不友善環境的建築材料是由原油製成的塑膠泡棉，即用於牆壁絕緣的聚氨酯。美國每年生產三百萬噸的聚氨酯，其中80%最終進入垃圾掩埋場，20%則進到河川。

如果建築可以生長、腐爛然後再次生長會怎樣呢？真菌製造領域的研究者已將菌絲體轉化為有機材料，用於不同的建築應用上。被設計出的菌絲體材料，強度與被替代的材料相當，而且具有無毒、耐火、耐黴菌和耐水的特性。

總部位於義大利的蘑菇公司（Mogu）是菌絲體技術、材料和產品的領先創新者。該公司利用菌絲體創造出多種用於室內建築的複合材料，例如經過全面認證的Mogu地磚就是地板行業的首創，這款產品是傳統使用化石燃料製造地磚的永續替代品。

蘑菇公司的地磚由菌絲體複合芯體組成，表面塗有90%生物基環氧樹脂。與當今市場上的產品僅20~30%的生物基（環氧樹脂）含量相比，向前邁出的一大步。菌絲體複合物芯體，是由接種特定真菌菌株的棉花和麻桿等低價值有機殘留物所製成，其中，菌絲體以有機物為食並將其結合成緻密的塑合板，上層塗層還包含了諸如玉米作物、稻穀、榛果、牡蠣殼和用過的咖啡渣等填充物。

該公司共同創辦人毛里齊奧・蒙塔提（Maurizio Montalti）說：「菌絲體複合物核心板占了單塊Mogu地磚的大部分體積，其技術性能優於傳統工程木材。」他還強調：「我們的產品不被視為傳統建築材料的替代品，但對重視循環方法的客戶來說，是負責任的替代品。」[163]蘑菇公司證明了，在不影響技術性能和豪華設計美學的情況下，可以在負責任的同時最大限度地減少碳排足跡。

而蘑菇公司的理念，是按照循環經濟的原則開發和設計產品，並致力於使用和轉化來自其他工業流程與價值鏈的廢棄物原材料。蒙塔提不喜歡使用「廢棄物」這個詞，他表示「廢棄物是一個人造的過時概念，因為廢棄物在自然界中根本不存在。」也因此，他更喜歡將它們描述為可以升級再造的「低價值剩餘物質」。[164]

此外，蘑菇公司還設計了一種在產品生命週期結束時再利用和回收地磚的流程，過程中菌絲體複合物芯體將與生物基環氧樹脂分離，然後進行研磨和升級再造，做成新的地磚。因此，蘑菇公司的地磚獲得了「藍天使」（Blue Angel）生態標籤認證，證明它們的排放量和污染物都很低，對環境沒有不利影響。

英國生物製造公司生物健康材料（Biohm）則開發了一種真菌絕緣板，企圖解決聚氨酯問題。創始人埃哈卜・賽義德（Ehab Sayed）解釋，他們從廢棄物處理流程開始並將其導入菌絲體，一旦菌絲體產出所需的材料，就會利用加熱或脫水來固化它。固化會破壞真菌的細胞壁，待真菌死亡後，材料就準備好可以進行安裝了。這種自然過程不包括任何化學物質或添加劑，從廢棄物處理到交付產品需要三十到五十天，所需時間取決於真菌物種對廢棄物種類的積極作用程度。賽義德將此稱為「媒合」，也就是將完美的基質與完美的真菌菌株結合，為特定應用創造出完美的材料。

生物健康材料公司的真菌絕緣板又被稱為「蘑菇絕緣板」，而且在一系列性能方面優於市場上的替代品。初步測試顯示，真菌絕緣材料可以保溫，且根據其導熱率等級，其性能優於替代品兩到三倍。它的防火性能非常好，因為不含合成化學物質，所以平均而言，可以讓建築物中火勢蔓延的速度減半。其揮發性有機化合物也達到了不會釋放空氣毒素的A⁺等級，也因為這樣而提高室了室內空氣品質，使其成為市場上最健康的絕緣材料之一。

有些人可能想知道天然產品的耐用性和壽命是否會比合成產品短，但賽義德表示，生物健康材料公司的真菌絕緣產品，使用壽命比塑膠產品還要長。「菌絲體就像任何其他天然或合成材料一樣，只有在與正確的微生物群接觸，或暴露在反覆的極端高溫和潮濕環境中時，才會被降解。因此，只要它是處於乾燥、涼爽或溫度適中的狀態下，都會保持應用的預期性能。生物材料不耐用是一種常見的誤解，常阻礙以生物為基礎的材料發展。」[165]

賽義德的理念是讓大自然引領創新，並確保生物健康材料公司所觸及的一切，都具有積極或再生的影響。這個理念在整個廢棄物處理過程中得到了回響——從導入循環經濟的原則，到與當地社群合作擴大生產設施。這些社群設施是處理廢棄物和生產菌絲體絕緣板的一站式商店，公司甚至將每件銷售產品的50%利潤分給社群。

生物健康材料公司的真菌絕緣板，目前的價格與優質合成材料相當，但他們希望在擴大業務規模時也在低端市場保有競爭力。他們希望產品可供社會住宅中的人們使用，因為這些住宅房屋往往建造或維護得不太好，所以也最需要這類產品。賽義德溫馨地提醒人們使用菌絲體的複雜性，因為真菌在生長時會釋放二氧化碳，所以建築過程中可以捕獲產生的碳是非常重要的。

真菌建築並不會以我們自己的星球為限。當人類成為跨行星物種時，將需要在太空中創立和應用新的建築設計和生產原則。2017年，歐洲太空總署與烏得勒支大學（Utrecht University）和「小東西工作仿」（Officina Corpuscoli，由毛里齊奧・蒙塔提經營的設計研究工作室）開展了一項可行性研究計畫，以探索在火星和月球等新行星表面生長真菌結構的機會，藉此創造新的棲息地。[166]結果顯示，利用裂褶菌（*Schizophyllum commune*）生長所產生的生物複合材料，可耐受微重力、超重力、溫度和輻射（例如宇宙伽馬射線）等極端條件。這個初步研究顯示，真菌可以成功地用於製造建築材料，但在菌絲體材料能夠真正超越混凝土等傳統建築材料的性能之前，還需進行更多跨領域合作的研究工作。

隨著越來越多公司參與循環經濟，行為或思維方式也正跟著轉變；而隨著我們與真菌合作創造新的生物基材料，廢棄物的定義也正在被改寫。對這些材料及其潛在應用的認識不斷提高，使我們能夠順應而非違反自然進行設計。更令人興奮的是，真菌就是這些材料的設計核心。設計真菌材料的前輩們一致認為，我們甚至連潛在應用的皮毛都還沒觸及到。

真菌紡織品

時尚界的美化讓這個產業很容易與上下游產業疏離，例如製作衣服的人、什麼樣的資源被用在製作衣服上，以及退流行的衣服都去了哪裡等。時裝業是繼石油業後世界上最大的污染源之一，而且產生的速度與消費的習慣一樣快，所以消費習慣急需改變。

在真正的循環經濟中，從原材料採購到最終使用處理的所有投入，都可以無限循環利用。生物製造（Biofabrication）是生物學和製造的新興結合，而且正為取得新材料（來自與我們建立夥伴關係的生物）的未來創造條件。我們可以在不影響品質或耐用性的情況下，使用真菌來生產時裝業所需的材料。使用由真菌製成的材料，消費者甚至不需要勉強接受通常由化石燃料製成的純素皮革。

真菌作品公司（MycoWorks）的新型菌絲體材料Reishi在2020年紐約時裝週上首次亮相，為奢華時尚帶來了希望，其性能、觸感甚至氣味都像柔軟的皮革。真菌作品公司的細緻菌絲體（Fine Mycelium）專利技術，可使菌絲體形成環環相扣的細胞結構，從而在短短幾週內形成一層堅固的菌絲體材料，然後在製革廠像真皮一樣進行鞣製。利用熱、膠水和染料處理過的Reishi，可以產生出各種顏色、圖案和觸感飾面的材料，這在以前的動物皮是不可能做到的。

法國奢侈時裝品牌愛馬仕（Hermès）與真菌作品公司合作，提出了一種名為Sylvania的全新植物材料。Sylvania是兩家公司合作三年的成果，採用真菌作品公司的專利工藝「細緻菌絲體」製成，然後在愛馬仕車間鞣製。時尚界和消費者一直在等待永續皮革的出現，而這次合作就是將鞣製職人的專業知識與生物技術工具相結合。Sylvania首次亮相是在2021年的秋冬系列，搭配愛馬仕帆布包和小牛皮包，打造出新款的維多利亞手提包。

2016年，外螺紋公司（Bolt Threads）也加入了菌絲體皮革的行列，取得生態創新公司的真菌製造技術「真菌複合材料」（MycoComposite）之授權，進而生產名為Mylo的皮革。使用廢棄物和有機材料作為營養基礎，菌絲體在短短幾天內長滿了基質，形成相互連接的團塊。團塊可以轉化為任何尺寸、形狀或密度，從而生產出類似皮革的成品材料。外螺紋公司在開發其全球供應鏈時考慮到健康的農業經濟，為此正與傳統農民合作，針對當前商業模式進行調整和創新，使其更具永續性和不易退流行，並創建一個強大的Mylo生產商全球網路。2020年，外螺紋公司宣布與開雲集團（Kering）、露露檸檬（Lululemon）、愛迪達（Adidas）和史黛拉・麥卡尼（Stella McCartney）公司建立合作關係，共同投資、生產Mylo產品，並於2021年將其推向市場。

現在是真菌皮革發展正忙碌的時期。生態創新公司宣布，他們將以「覓食者皮革」（Forager Hides）重新進入市場，並在自己的大規模生產設施中製造這種產品，以期推動該真菌皮革行業向前發展。整個「覓食者皮革」生產過程只需要九天，而動物皮革需要兩年，棉花則需要六個月生長。由於菌絲體是活的且能自我組裝，與其他紡織品製造過程相比，也會使用一小部分水、土地和能源。菌絲體在模具中長成精確的尺寸和形狀規格，也讓裁剪室地板上的皮革修飾碎屑不復存在。自2010年起，生態創新公司一直在擴展事業，相信他們將會留在真菌皮革產業中。

現在是加入生物技術革命、轉變到一個循環經濟未來的激動時刻。這仍是一個剛起步的領域，而且改變不會在一夕之間發生。很少有公司與品牌建立合作關係並創造新的供應鏈以將產品推向市場。雖然商業化是繼產品開發後要攀登的第二座山，但幸運的是，時尚和紡織業發展迅速，有意識的消費者正在等待時尚走向真菌。最終，消費者透過選擇購買什麼來製定規則，因此道德時尚是從我們所有人開始的。

眞菌包材

當生產和消費發生在不同地點時，就需要包材，且隨著城市化速度的加快，包裝的使用比以往任何時候都多。今日，40%的包裝塑膠都是拋棄式的[167]，而在食品行業中，包裝的目標是延長食品的保存期，以盡量減少食品浪費這個全球性的問題。但是，使用壽命只有幾天的塑膠，卻需要數百年才能分解，這樣的情況下，怎麼還會被如此大量地使用呢？

不只塑膠和食品行業，包裝可說是無所不在。市場中的傳統店家被物流的包材所取代，承擔起保護、流通、教育和營銷功能。對消費者而言，產品品質不僅取決於產品本身，還取決於包材。追根究底，包材的目的是短暫的，所以我們需要一種易於製造、在其生命週期內有效並且易於重複使用或生物可降解的解決方案。回收應該是最後手段，況且塑膠最多只能回收九次，每個回收循環還都會耗能。

所有這一切的癥結點就在於，替代包裝材料面臨的挑戰圍繞著四個主題：永續性、強度、設計和成本。生態創新公司是菌絲體包材領域明顯的研發領導者，其「真菌複合材料」技術在模具中培養菌絲體，創造出一種客製結構，被稱為「蘑菇包材」。聯合創始人兼執行長艾本·**拜耳**將包材「成長」的過程描述為「5%的菌絲體將95%的木屑聚集在一起」。[168]菌絲體充當天然膠水，形成堅固又耐用的材料，可以在運輸過程中安全又放心地固定產品。

每年高達幾十萬個單位的需求量，客製化生產菌絲體包材會比製造塑膠更快、更具成本效益。它使用更少的能源，產生的碳排放量最多可以減少90%。這種「蘑菇包材」的功能結束後不需堆肥設施，僅依靠土壤中的微生物就能進行分解。客戶收到包裹後，可以將包材拆開、扔進土裡，三十天後就會被分解。相比之下，典型的包裝材料，如聚苯乙烯泡沫塑膠，需要幾個世紀才能分解，而且是不可回收的。

全球各地的公司都已獲生態創新工司的技術許可，例如英國的神奇蘑菇公司（Magical Mushroom Company）、總部位於歐洲的生長生物公司（Grown）和美國的包材天堂公司（Paradise Packaging Co.），還有其他新興公司計劃服務於亞太、北非和南歐地區。有了這些供應商，更多的當地企業就能夠採購蘑菇包材。拜耳公司（Bayer）就很歡迎追求原始和有機外觀材料的文化時代精神，且菌絲體產品就是符合這種需求的最終產物。艾本·拜耳表示，「這與七年前的包裝行業形成強烈對比，當時需要的是一種看起來更像聚苯乙烯泡沫塑膠的包裝材料」。[169]

這種具有生態意識的迅速發展，將幫助我們擺脫對化石燃料的依賴，並將有害塑膠微粒進入土壤和海洋的風險降至最低。除了以真菌循環為基礎的生產過程具有明顯的永續性優勢外，關於其強度、設計和成本的所有問題都已得到解答。是時候更換我們目前的包材了。

自然協同設計

面對氣候變遷、資源枯竭和廢棄物累積的三重威脅，必須從根本上改變我們與自然互動的方式。真菌是變革的催化劑，它們的自然設計原則和製造能力，正在被設計用來創造即將到來的生物技術革命。

真菌可以在使用最少的能量下，被設計生產具有精確性的高性能材料。真菌以一個原子一個原子的逐步修正方式，如同生物的3D列印般，為我們創造出新型永續材料。這也是波士頓顧問公司（Boston Consulting Group）合夥人，也共同領導深度技術（Deep Tech）實踐的瑪西默・波廷卡索（Massimo Portincaso）所倡導的「自然協同設計」生物技術革命的一部分。在論文《自然協同設計：一場正在形成的革命》（*Nature Co Designs A Revolution in the Making*）裡，他將「自然協同設計」稱為下一波創新浪潮：「在這裡借助已有的生物學、材料科學和奈米技術，一起在原子層面上實現『自然協同設計』原則和製造能力的目標。」這讓我們擺脫了對萃取能源和產品原材料的依賴，且能進一步利用生物體固有的製造能力。這篇論文將這場生物技術革命稱為繼煤炭、電力和網際網路後的第四次工業革命，可望顛覆每個經濟體中的每個行業，並在未來三十年內帶來三十兆美元的總市場機會。[170]

我們正朝著「體認真菌智慧和潛力的集體真菌意識」邁進。當我們英雄所見略同地與自然合作設計未來時，未來將一片光明。

5.3

真菌保育

儘管真菌在我們的生態系統中發揮著重要作用，但根據估計，仍有90%的物種尚未被記錄歸檔。隨著氣候變遷、棲息地破壞和污染的影響加劇，真菌物種在沒有合法保護的情況下會消失得無影無踪。倫敦邱園（Kew Gardens）所發布的《2018年世界真菌狀況報告》（*State of the World's Fungi 2018*）指出，「只有五十六種真菌的保育狀況在『國際自然保護聯盟瀕危物種紅皮書』（International Union for Conservation of Nature Red List）中獲得全球性的評估，相較之下，紅皮書裡所列的植物有兩萬五千四百五十二種，動物則有八萬八千零五十四種。」[171]

由於75%的人類感知基於視覺，所以我們通常會忽略肉眼不可見的事物。但是，隨著各真菌物種每一次的消失，我們就會失去更多自然循環、分解、強化森林、分配水分和養分，以及清淨空氣的能力，也失去了未來新藥、食品和材料的發現機會。

真菌為拯救我們的世界提供巨大希望，所以讓我們給它們一個真正的機會。線上訂購商品的包材、取代服裝中的動物皮革、作為環保建築計畫的基石……隨著越來越多的真菌融入現代社會應用，也許我們會更加意識到這個圍繞在周遭且支持著人類生活的浩大生物界。

經由成為有意識的消費者、重新與森林建立連結並增進知識，我們也可以幫助拯救真菌。

左圖：雲芝的顏色和紋理，一種常用於「真菌製造」的物種，被密封在玻璃展示立方體當中。
P191 圖：裂褶菌有明顯的輻射狀菌褶，是地球上最多產的菇類之一。

植物群、動物群、真菌群

茱莉亞娜‧弗西
Giuliana Furci

真菌基金會（Fungi Foundation）創始人兼執行長、哈佛大學兼任副教授、義大利之星女爵、世界自然保護聯盟真菌保護委員會聯合主席，也是多本著作的作者，於智利真菌圖鑑系列和《神奇真菌》（*Fantastic Fungi*）等出版物皆有章節撰述。此外，她是第一份《世界真菌狀況》（*State of the World's Fungi*，邱園，2018年）和《智利生物多樣性：遺產與挑戰》（*Biodiversidad de Chile: Patrimonio y Desafíos*，智利環境部，2008年）等報告的合著者。過去十七年，弗西一直在非營利部門工作，曾於美國慈善基金會擔任顧問，也在國際海洋保護非政府組織和智利環保非政府組織擔任全職工作。

這是腐黴秀，不是搖滾樂！

能量不會消失，而是被轉化，真菌是轉化過程的專家。它是主要分解物質，讓物質可以重新組合的生物，藉由化學式的侵入系統來產生使生命得以延續的變化。除此之外，不眠不休的真菌還經由讓生態系統得以存續的重要共生能力，幫助植物和動物的生命得以運行。它們不只建造，也燃毀生命的橋樑。

然而，真菌的生存不可避免地遭受威脅，它們與動植物一樣經歷著氣候變遷、棲息地喪失與破碎化、氮富集和殺菌劑使用，而人類的影響也導致真菌物種的消失。據估計，我們只鑑別了所有真菌物種的10%，因此有許多真菌物種很可能在還未被發現之前就已經消失。

我們能做什麼？保護真菌棲息地是關鍵，因為真菌體現了生命的相互連結，與其共生生物密不可分。在多數情況下，真菌會專一於所生長的基質，這也讓每一種動植物都有自己獨特的生態系統。舉例來說，為了確定松茸能在自然界茁壯成長，我們就必須確保松樹也能茁壯成長；為了確保蟲草能茁壯成長，我們必須幫助蝙蝠蛾順利進行生命週期。真菌證明了一點：我們都是互相依賴生存的。

不幸的是，在大多數政府的認定下，如果沒有任何東西受到威脅，就沒什麼可以保護的。為了確保真菌受到法律保護，我們必須證明它們需要被保護。這個過程一直具有挑戰性，因為真菌既不屬於植物群（Flora）也不歸於動物群（Fauna），所以很明確地被排除在政策框架之外。真菌就是自己，屬於真菌群（Funga），這是一個解釋特定地區真菌多樣性的術語。

承認「真菌在語言中的存在」一直是真菌基金會的重點。他們首先正式定義了「真菌群」這個術語[172]，然後與保護組織合作，幫助這些術語過渡到「真菌學的包容性語言」之中。這種「三群法」（3F Approach）概念，也就是動物群、植物群與真菌群，正引領我們在保護框架中正式承認真菌的方式。由我們所有人來決定：「真菌群」的意思是「特定地區的真菌多樣性」。

這一切都是為了將真菌保護視為棲息地保護的一種手段。如果我們著手實施三群法，將真菌正式納入保護框架，將有助於確保採用生態系統方法進行保護。此一運動將在真菌和真菌學的研究、資助和政治機會上產生正面影響，並促進對更廣大棲息地的瞭解和保護。

我們必須繼續腐朽，讓生命循環達被真菌分解的程度，一切才會再重組。

毛頭鬼傘

COPRINUS COMATUS

俗名

毛絨獅鬃（Shaggy Mane）、毛絨墨汁傘（Shaggy Ink Cap）、律師的假髮（Lawyer'S Wig）

科	傘菌科
屬	鬼傘屬
種名意義	有長髮的

毛頭鬼傘是一種適合初學者識別的菇類，因為沒有與其外觀相似的其他物種。由於菌傘上的鱗片在溫暖的天氣裡會裂開、剝落，才造成它長長的圓柱形菌傘有「毛茸茸」的質感。隨著毛頭鬼傘的成熟，其菌傘邊緣會張開並潮解，即真菌會自動消化菌傘，將它融化成黑色、粘稠的液體，直到只剩下白色的菌柄為止。潮解的鬼傘會在數小時內溶解，過程中孢子會釋放在潮解的液體當中，待液體乾燥後，孢子就會被風帶走傳播。如果你想創作些什麼，可以收集鬼傘潮解的墨汁狀液體，將它們與精油混合，然後用於書寫或繪畫。

歷史與文化

毛頭鬼傘是一種城市常見菇類，常出現在草坪、城市公園和高爾夫球場，但它最著名的生長方式是衝破混凝土人行道。看起來脆弱又瘦小的它，將水分吸收到在菌絲當中，然後展現出令人難以置信的力量向上頂開人行道，為延續其繁殖產能做出英雄式的努力。

特性

食用面

幼菇時期可食用，需在菌傘和菌褶開始融化變黑前採摘並立即煮食。

營養概述

一份 100 公克未經加工的毛頭鬼傘含有 37 大卡熱量，由 90% 的水、8% 的碳水化合物、1% 的蛋白質和不到 1% 的脂肪所組成。富含維他命和礦物質，如鈣和鎂。

藥用面

可供藥用，研究顯示其具有抗腫瘤、抗氧化、抗菌、抗病毒、抗炎和抗糖尿病的作用。[173] 在亞洲國家，毛頭鬼傘傳統上用於改善消化和治療痔瘡。

精神活性

無。

環境修復能力

具有環境修復能力，其子實體內可蓄積鉛、砷、汞等有毒金屬，能用作土壤污染的生物指示劑，並可用於真菌修復以隔離土壤中的污染物。[174]

子實體特徵

菌傘

· 2~6 公分寬
· 剛開始爲圓柱，之後變成鐘形
· 中心爲白色和棕色
· 覆蓋有鱗片，之後邊緣處會溶解成墨汁

菌褶

· 白色到粉紅色，而後變成黑色
· 密集
· 與菌柄分開

菌柄

· 6~30 公分高
· 1~2 公分厚
· 底部稍微變寬
· 中間或底部有白環

孢子

· 黑色
· 橢圓形

野地描述

棲息地

似乎常見於人造區域。在受擾動的土壤、肥堆等廢棄物堆置區域、道路和小徑上，甚至會成簇衝破柏油路面生長。

分布範圍

廣泛分布於歐洲、北美和南美、澳洲、紐西蘭、北非和亞洲的溫帶和亞熱帶地區。

產季

春、夏、秋。

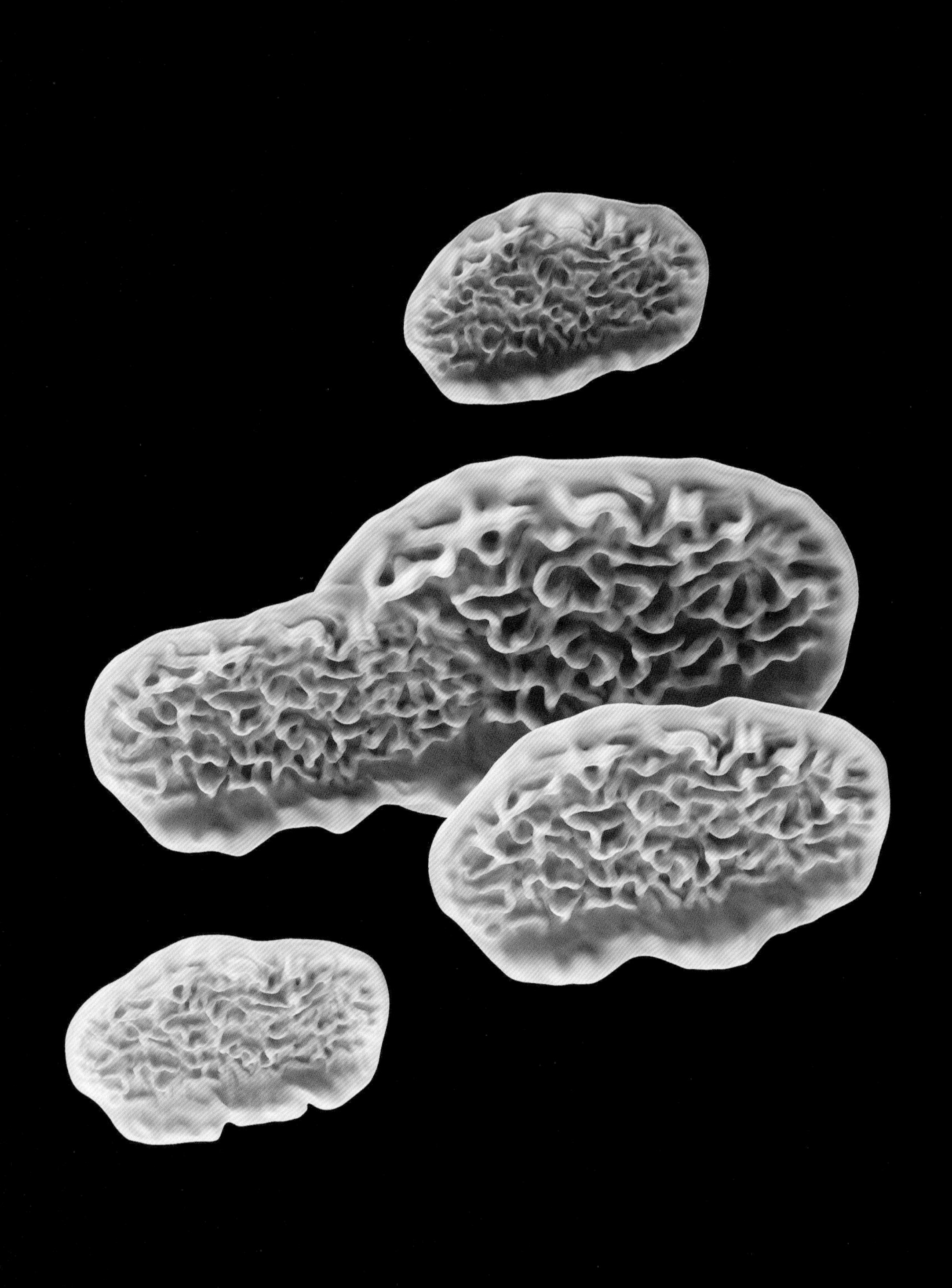

乳白耙菌

IRPEX LACTEUS

俗名

乳白齒狀多孔菌

科	耙齒菌科
屬	耙齒菌屬
種名意義	乳白色

乳白耙菌是屬於腐生真菌，外觀就像一層厚厚的白色油漆塗布在它生長的原木和樹枝上。它具有多孔的表面，是一種長相類似猴頭菇的齒狀真菌，但它的菌齒不像猴頭菇呈懸垂刺狀，而是又鈍又短。隨著生長，其邊緣會捲曲並形成一個菌傘狀架子。它的學名也非常直白：*Irpex*的意思是「帶有鐵齒的大耙子」，而*lacteus*的意思是「乳白色」。

歷史與文化

由於乳白耙菌的外型、生長模式和豐富性相當多樣，其已多次被命名、分類然後又重新命名。它的分類仍存在廣泛爭論，但毫無疑問的是它在真菌修復中的有用性。為了理解乳白耙菌強大分解能力背後的機制，其基因組在2017年時被定序完成。正在建立酵素知識庫的研究人員，都會將其視為模式生物，例如乳白耙菌產生的酵素，可以經由基因工程的修改成為可降解有機污染物的工具。[175]

特性

食用面

可食用。

藥用面

可供藥用。在中國傳統上用於治療炎症、細菌和真菌感染以及尿滯留（Urinary Retention）。[176] 在中國，其多醣在中國被用作治療慢性腎臟炎症的臨床藥物。[177]

精神活性

無。

環境修復能力

這是一種白腐眞菌，所以具有環境修復能力，且經充分研究，已知其可降解工業廢水和藥物等污染物。

子實體特徵

菌體

- 可達 3 公分厚
- 不規則形狀
- 可能會在邊緣捲曲以形成菌傘
- 白色至灰色
- 表面有毛且柔軟

菌孔

- 白色至乳白色
- 孔距 2~3 公厘
- 如果有的話，邊平菌齒可以達 6 公厘

孢子

- 白色
- 橢圓形

野地描述

棲息地

分布在腐朽或枯死的闊葉樹上，偶爾也生長在針葉樹上。

分布範圍

北美洲。

產季

全年。

蠔菇
PLEUROTUS OSTREATUS

俗名

魚菇

科 側耳科

屬 側耳屬

種名意義 像牡蠣的殼

蠔菇通常會長成厚實成束的樣子。它的顏色鮮豔（有黃色、粉紅色、棕色、藍色和灰色等），珍珠色的蠔菇，顏色純白又帶有珍珠般的光澤，是最常見的物種。屬名*Pleurotus*意為「側身」，恰如其分地描述了該屬真菌獨特的水平生長角度，其菌傘生長時會像架子一樣平行於地面；而*Ostreatus*的意思是「像牡蠣的殼」，指的是子實體的形狀，也許與其鹹海鮮味也有關。

歷史與文化

蠔菇是新手種植最容易上手且不會出錯的菇類。它很容易種植，可以在咖啡渣、報紙、木屑和原木上生長。它甚至也是肉食性的，已經演化到可以分泌一種化學物質來消滅線蟲，避免線蟲回頭以它的子實體為食。捕捉線蟲時，菌絲體會像套索一樣套住線蟲並將它消化吞噬。由於第一次世界大戰期間糧食短缺，原本在德國種植的蠔菇，此後成了世界各地飲食的主角。

特性

食用面

可食用。蠔菇營養豐富、味道鮮美且用途廣泛。具有溫和、堅果、海鮮般的風味和肉質，被認爲是一種美食。

營養概述

一份 100 公克未經加工的蠔菇含有 33 大卡熱量，由 89% 的水、6% 的碳水化合物、3% 的蛋白質和不到 1% 的脂肪組成。富含維他命，提供 20% RDI 的維他命 B 群，以及鐵、鋅、鉀、磷、硒等礦物質。

藥用面

可供藥用。天然蠔菇含有一種被稱爲洛伐他汀（Lovastatin）的降低膽固醇他汀類藥物，這也是 1987 年 FDA 批准的第一種他汀類藥物。

精神活性

無。

環境修復能力

它是一種白腐眞菌，所以具有環境修復的能力。在分解油脂、殺蟲劑、除草劑和其他工業毒素的眞菌修復方面，已進行廣泛的研究和測試。它還可以將重金屬積累到子實體當中，這個特性讓它能被應用在去除土壤或水中污染物等方面。

子實體特徵

菌傘

- 2~20 公分寬
- 牡蠣殼形，凸起，波浪形
- 範圍從白色、灰色和棕褐色到深棕色
- 表面平滑
- 質地堅挺

菌褶

- 白色至乳白
- 緊密或密集
- 延伸至菌柄

菌柄

- 通常沒有菌柄或呈短粗狀
- 0.5~4 公分長與厚
- 白色
- 基部呈毛狀

孢子

- 白色至淡紫灰色
- 橢圓形

野地描述

棲息地

生長在腐朽或枯死的闊葉樹上，尤其是山毛櫸、梧桐樹和白楊樹。偶爾生長在針葉樹上。

分布範圍

廣泛分布於溫帶和亞熱帶森林中。常見於歐洲、亞洲、澳洲、紐西蘭以及北美洲和南美洲。

產季

全年。

真菌與未來

林麥克
蘇芸

真菌喚醒了我們對自然世界的認識。對我們自己和地球的真正治癒，唯有溶解豎起的牆、去除貼在自己身上的標籤，才得以實現。把身體與世界其他地方區分開來的信念只是一種幻覺，而真菌向我們展示了這一點。真菌與所有形式的生命，都會形成親密且不可分割的關係，滲透並支持著地球上的每一個生態系統。沒有真菌，我們的星球就不會存在，而且真菌從根本上挑戰了個體的概念。

當我們走過寶貴的一生，會與所有生命形式緊密地交織在一起。我們絕不是與自然分離的個體，而是幾十億年來一直在混合、變異和轉移的基因混合物。每個人都是生命的體現，值得探索和珍惜。

我們被賦予了意識，並認識到這種存在以及作為地球管家的責任。分裂世界的因素太多了，而要改變世界，就取決於改變我們看待自己在這個世界當中的位置和目的的方式。對某些人來說，牛奶上長黴是一件令人討厭的事；對其他人來說，這是生產奶酪的機會。真菌可以為我們的生理、心理和心靈危機提供無窮無盡的解決方案。想像一下，如果我們可以改變你對真菌的看法，那我們就一定能改變你的其他看法。

真菌學需要更多科學家的參與、資金挹注、行動派的加入、保育的提供，也需要越多人藉由不同的媒體來讚美它。下次當你吃蘑菇、喝葡萄酒或在森林裡散步時，可以為這個不起眼的生物界獻上片刻的感激之情。

這只是我們存在主義覺醒的開始，而真菌也不過是眾多激動人心的探索之一。科學、哲學、藝術、數學和更多的學科，為我們理解和欣賞宏觀世界提供了新的思維模型維度。我們用眼睛欣賞風景，用鼻子聞嗅氣味，用身體深深地沉浸在大自然中。走出戶外，親身去體驗奇蹟吧。

這是一個提高我們意識的機會，也正是在追求這些更偉大目標的過程中，人類的精神才得以閃耀。當一閃而過、色彩斑斕的剎那升起，只需跟隨著其後。探究的過程會，也一定會改變你，因為我們有能力建立更多的連結、同理心和創造力。

願我們能由教條的控制下鬆綁自己，質疑舊假設並接受新思想。願我們有意識地消費，慷慨地給予，選擇愛而不是恐懼，並一路享受樂趣。我們是宇宙的旅者。

很高興能與你相遇、相愛、分享這段時空。

各章附注

前言

1. 譯注：通常用於描述具有深色特徵，如頭髮、皮膚和眼睛是黑色的愛爾蘭裔人。
2. Nina Graboi, *One Foot in the Future: A Woman's Spiritual Journey*, Aerial Press, 1991, p. 164.

眞菌界

3. Anne Casselman, 'Strange but true: The largest organism on Earth is a fungus', *Scientific American*, 4 October 2007, <scientificamerican.com/article/strange-but-true-largest-organismis-fungus>.
4. Patrick Forterre, 'The universal tree of life: An update', *Frontiers in Microbiology*, vol. 6, 2015, <doi.org/10.3389/fmicb.2015.00717>.
5. Petr Baldrian, Tomáš Větrovský, Clémentine Lepinay and Petr Kohout, 'High-throughput sequencing view on the magnitude of global fungal diversity', *Fungal Diversity*, 2021, <doi.org/10.1007/s13225-021-00472-y>.
6. 譯注：酵母菌也會進行有性生殖，遺傳物質亦會重新洗牌。
7. Unai Ugalde and Ana Belén Rodriguez-Urra, '9 Autoregulatory signals in mycelial fungi', *The Mycota*, vol. 1, 2016, <doi.org/10.1007/978-3-319-25844-7_9>.
8. Daniel S Heckman, David M Geiser, Brooke R Eidell, Rebecca L Stauffer, Natalie L Kardos and S Blair Hedges, 'Molecular evidence for the early colonization of land by fungi and plants', *Science*, vol. 293, issue 5532, 2001, <doi.org/10.1126/science.1061457>.
9. Claire P Humphreys, Peter J Franks, Mark Rees, Martin I Bidartondo, Jonathan R Leake and David J Beerling, 'Mutualistic mycorrhiza-like symbiosis in the most ancient group of land plants', *Nature Communications*, no. 1, article 103, 2010, <doi.org/10.1038/ncomms1105>.
10. François Lutzoni, Michael D Nowak, Michael E Alfaro, Valérie Reeb, Jolanta Miadlikowska, Michael Krug, A Elizabeth Arnold, Louise A Lewis, David L Swofford, David Hibbett, Khidir Hilu, Timothy Y James, Dietmar Quandt and Susana Magallón, 'Contemporaneous radiations of fungi and plants linked to symbiosis', *Nature Communications*, no. 9, article 5451, 2018, <doi.org/10.1038/s41467-018-07849-9>.
11. Michael Krings, Carla J Harper and Edith L Taylor, 'Fungi and fungal interactions in the Rhynie chert: A review of the evidence, with the description of Perexiflasca tayloriana', *Philosophical Transactions of The Royal Society B*, vol. 373, issue 1739, 2018, <doi.org/10.1098/rstb.2016.0500>.
12. Eun-Hwa Lee, Ju-Kyeong Eo, Kang-Hyeon Ka and Ahn-Heum Eom, 'Diversity of arbuscular mycorrhizal fungi and their roles in ecosystems', *Mycobiology*, vol. 41, issue 3, 2013, <doi.org/10.5941/MYCO.2013.41.3.121>.
13. Mark C Brundrett and Leho Tedersoo, 'Evolutionary history of mycorrhizal symbioses and global host plant diversity', *New Phytologist*, vol. 220, issue 4, 2018, <doi.org/10.1111/nph.14976>.
14. Johan Asplund and David A Wardle, 'How lichens impact on terrestrial community and ecosystem properties', *Biological Reviews*, vol. 92, issue 3, 2016, <doi.org/10.1111/brv.12305>.
15. Matthew Phelan, 'Why fungi adapt so well to life in space', *Scienceline*, 7 March 2018, <scienceline.org/2018/03/fungi-love-to-growin-outer-space>.
16. Anderson G Oliveira, Cassius V Stevani, Hans E Waldenmaier, Vadim Viviani Jillian M Emerson, Jennifer J Loros and Jay C Dunlap, 'Circadian control sheds light on fungal bioluminescence', *Current Biology*, vol. 25, issue 7, 2015, <doi.org/10.1016/j.cub.2015.02.021>.
17. 見譯注 6
18. Suzanne W Simard, David A Perry, Melanie D Jones, David D Myrold, Daniel M Durall and Randy Molina, 'Net transfer of carbon between ectomycorrhizal tree species in the field', *Nature*, vol. 388, 1997, <doi.org/10.1038/41557>.
19. Ferris Jabr, 'A vast, ancient and intricate society: The secret social network of old-growth forests', *Sydney Morning Herald*, 29 January 2021, <smh.com.au/environment/sustainability/avast-ancient-and-intricate-society-the-secretsocial-network-of-old-growth-forests-20200703-p558ti.html>.
20. Anouk van't Padje, Loreto Oyarte Galvez, Malin Klein, Mark A Hink, Marten Postma, Thomas Shimizu and E Toby Kiers, 'Temporal tracking of quantum-dot apatite across in vitro mycorrhizal networks shows how host demand can influence fungal nutrient transfer strategies', *The ISME* Journal, vol. 15, 2021, <doi.org/10.1038/s41396-020-00786-w>; Anouk van't Padje, Gijsbert DA Werner and E Toby Kiers, 'Mycorrhizal fungi control phosphorus value in trade symbiosis with host roots when exposed to abrupt "crashes" and "booms" of resource availability', *New Phytologist*, vol. 229, issue 5, 2020, <doi.org/10.1111/nph.17055>.
21. Toby Kiers, 'Lessons from fungi on markets and economics' [video], *TED*, September 2019, <ted.com/talks/toby_kiers_lessons_from_fungi_on_markets_and_economics>.
22. 編注：原先僅具相似性狀的物種，在相似的演化壓力與時空條件下，發展出相似特徵的演化現象。

食物

23. Russell F Doolittle, Da-Fei Feng, Simon Tsang, Glen Cho and Elizabeth Little, 'Determining divergence times of the major kingdoms of living organisms with a protein clock', *Science*, vol. 271, issue 5248, 1996, <doi.org/10.1126/science.271.5248.470>.
24. University of Pennsylvania, '9,000-year history of Chinese fermented beverages confirmed', *ScienceDaily*, 7 December 2004, <sciencedaily.com/releases/2004/12/041206205817.htm>.
25. Anahita Shams, 'Does Shiraz wine come from Iran?', *BBC*, 3 February 2017, <bbc.com/news/world-middle-east-38771806>.
26. Vera Meyer, Evelina Y Basenko and Han AB Wösten, 'Growing a circular economy with fungal biotechnology: A white paper', *Fungal Biology and Biotechnology*, no. 7, 2020, <doi.org/10.1186/s40694-020-00095-z>.
27. Pau Loke Show, Kehinde Opeyemi Oladele, Qi Yan Siew, Fitri Abdul Aziz Zakry, John Chi-Wei Lan and Tau Chuan Ling, 'Overview of citric acid production from *Aspergillus niger*', *Frontiers in Life Science*, vol. 8, no. 3, 2015, <doi.org/10.1080/21553769.2015.1033653>.
28. William Shurtleff and Akiko Aoyagi, History of Tempeh and Tempeh Products (1815–2020): *Bibliography and Sourcebook*, Soyinfo Center, Lafayette, 2020, p. 351.
29. Marianna Cerini, 'Tempeh, Indonesia's wonder food', *The Economist*, 23 January 2020, <economist.com/1843/2020/01/23/tempehindonesias-wonder-food>.
30. @david_zilber, 'Biomimicry is a fascinating way…' [Instagram post], David Chaim Jacob Zilber, 26 May 2020, <instagram.com/p/CAptR8qpN-T>.
31. Winston Churchill and Steven Spurrier, 'Fifty years hence', *Strand Magazine*, issue 82, no. 49, 1931.
32. 摘自作者於 2020 年對艾本·拜耳的訪談。

33. Mary Jo Feeney, Amy Myrdal Miller and Peter Roupas, 'Mushrooms—biologically distinct and nutritionally unique', *Nutrition Today*, vol. 49, issue 6, 2014, <journals.lww.com/nutritiontodayonline/toc/2014/11000>.

34. National Institutes of Health, Selenium – *Fact Sheet for Health Professionals*, US Department of Health & Human Services, 26 March 2021, <ods.od.nih.gov/factsheets/Selenium-HealthProfessional>.

35. National Institutes of Health, Potassium – *Fact Sheet for Health Professionals*, US Department of Health & Human Services, 26 March 2021, <ods.od.nih.gov/factsheets/Potassium-HealthProfessional>.

36. National Institutes of Health, Phosphorus – *Fact Sheet for Health Professionals*, US Department of Health & Human Services, 26 March 2021, <ods.od.nih.gov/factsheets/Phosphorus-HealthProfessional>.

37. National Institutes of Health, Folate – *Fact Sheet for Health Professionals*, US Department of Health & Human Services, 29 March 2021, <ods.od.nih.gov/factsheets/Folate-HealthProfessional>.

38. National Institutes of Health, Zinc – *Fact Sheet for Health Professionals*, US Department of Health & Human Services, 26 March 2021, <ods.od.nih.gov/factsheets/Zinc-HealthProfessional>.

39. Environmental Protection Agency, *Global Greenhouse Gas Emissions Data*, United States Environmental Protection Agency, n.d., <epa.gov/ghgemissions/global-greenhouse-gasemissions-data>.

40. IU 為國際單位，用於計算或測量維他命效力和生物有效性的標準化單位之一。1 IU = 0.025 微克麥角鈣化醇（維他命 D2）。

41. Mary Jo Feeney et al., 'Mushrooms—biologically distinct and nutritionally unique'.

42. Victor L Fulgoni III and Sanjiv Agarwal, 'Nutritional impact of adding a serving of mushrooms on usual intakes and nutrient adequacy using National Health and Nutrition Examination Survey 2011–2016 data', *Food Science and Nutrition*, vol. 9, issue 3, 2021, <doi.org/10.1002/fsn3.2120>.

43. Sonya Sachdeva, Marla R Emery and Patrick T Hurley, 'Depiction of wild food foraging practices in the media: Impact of the great recession', *Society & Natural Resources*, vol. 31, issue 8, 2018, <doi.org/10.1080/08941920.2018.1450914>.

44. 譯注：民間傳說人物。吹笛人消除了哈梅林鎮的所有老鼠，但鎮上官員拒絕給予承諾的報酬，於是他就吹奏著美麗的音樂，把所有孩子帶出哈梅林鎮。

45. Simon Egli, Martina Peter, Christoph Buser, Werner Stahel and François Ayer, 'Mushroom picking does not impair future harvests – results of a long-term study in Switzerland', *Biological Conservation*, vol. 129, issue 2, 2006, <doi.org/10.1016/j.biocon.2005.10.042>.

46. J Avinash, S Vinay, Kunal Jha, Diptajit Das, BS Goutham and Gunjan Kumar, 'The unexplored anticaries potential of shiitake mushroom', *Pharmacognosy Reviews*, vol. 10, issue 20, 2016, <doi.org/10.4103/0973-7847.194039>.

47. Shwet Kamal, VP Sharma, Mamta Gupta, Anupam Barh and Manjit Singh, 'Genetics and breeding of white button mushroom, Agaricus bisporus (Lange.) Imbach. – A comprehensive review', *Mushroom Research*, vol. 28, no. 1, 2019, <doi.org/10.36036/MR.28.1.2019.91938>.

48. Bozena Muszyńska, Katarzyna Kała, Anna Firlej and Katarzyna Sułkowska-Ziaja, 'Cantharellus cibarius – Culinary – Medicinal mushroom content and biological activity', *Acta poloniae pharmaceutica*, vol. 73, issue 3, 2016, <pubmed.ncbi.nlm.nih.gov/27476275>.

49. Sibel Yildiz, Aysenur Gurgen and Ugur Cevik, 'Accumulation of metals in some wild and cultivated mushroom species', *Sigma Journal of Engineering and Natural Science*, vol. 37, issue 4, 2019, <researchgate.net/publication/338254406_accumulation_of_metals_in_some_wild_and_cultivated_mushroom_species>.

50. Hasan Akgül, Mustafa Sevindik, Celal Bal, Hayri Baba and Zeliha Selamoglu, 'Medical properties of edible mushroom *Lactarius deliciosus*', *Biological Activities of Mushrooms*, 2019, <researchgate.net/publication/336773973_medical_properties_of_edible_mushroom_lactarius_deliciosus>.

51. Michel Feussi Tala, Jianchun Qin, Joseph T Ndongo and Hartmut Laatsch, 'New azulenetype sesquiterpenoids from the fruiting bodies of *Lactarius deliciosus*', *Natural Products and Bioprospecting*, vol. 7, issue 3, 2017, <doi.org/10.1007/s13659-017-0130-1>.

52. Alexis Guerin-Laguette, Claude Plassard and Daniel Mousain, 'Effects of experimental conditions on mycorrhizal relationships between Pinus sylvestris and Lactarius deliciosus and unprecedented fruit-body formation of the saffron milk cap under controlled soilless conditions', *Canadian Journal of Microbiology*, vol. 46, no. 9, 2000, <doi.org/10.1139/w00-059>.

53. Weldesemayat Gorems Woldemariam, 'Mushrooms in the bio-remediation of wastes from soil', *Advances in Life Science and Technology*, vol. 76, 2019, <doi.org/10.7176/ALST/76-04>.

54. 譯注：羊肚菌會在大火過後的森林裡大量出現，所以有些採菇者會放火燒森林，藉以提高採集產量。

55. Jeong-Ah Kim, Edward Lau, David Tay and Esperanza J Carcache De Blanco, 'Antioxidant and NF-κB inhibitory constituents isolated from *Morchella esculenta*', *Natural product research*, vol. 25, issue 15, 2011, <doi.org/10.1080/14786410802425746>; B Nitha and KK Janardhanan, 'Aqueous-ethanolic extract of morel mushroom mycelium *Morchella esculenta*, protects cisplatin and gentamicin induced nephrotoxicity in mice', *Food and Chemical Toxicology*, vol. 46, issue 9, 2008, <doi.org/10.1016/j.fct.2008.07.007>.

56. Yiling Hou, Xiang Ding, Wanru Hou, Jie Zhong, Hongqing Zhu, Binxiang Ma, Ting Xu and Junhua Li, 'Anti-microorganism, anti-tumor, and immune activities of a novel polysaccharide isolated from *Tricholoma matsutake*', *Pharmacognosy Magazine*, vol. 9, issue 35, 2013, <doi.org/10.4103/0973-1296.113278>.

醫藥

57. Walter Kutschera and Werner Rom, 'Ötzi, the prehistoric iceman', *Nuclear Instruments and Methods in Physics Research Section B: Beam Interactions with Materials and Atoms*, vol. 164–165, 2000, <doi.org/10.1016/S0168583X(99)01196-9>.

58. Sissi Wachtel-Galor, John Yuen, John A Buswell, and Iris FF Benzie, '*Ganoderma lucidum* (lingzhi or reishi): A medicinal mushroom', *Herbal Medicine: Biomolecular and Clinical Aspects*, 2nd edition, 2011, chapter 9, <pubmed.ncbi.nlm. nih.gov/22593926/>.

59. Royal Botanic Gardens Kew, *State of the World's Fungi 2018* [website], 2018, <stateoftheworldsfungi.org>.

60. Alexander N Shikov, Olga N Pozharitskaya, Valer G Makarov, Hildebert Wagner, Rob Verpoorte and Michael Heinrich, 'Medicinal plants of the Russian pharmacopoeia; their history and applications', *Journal of Ethnopharmacology*, vol. 154, issue 3, 2014, <doi.org/10.1016/j.jep.2014.04.007>.

61. Howard Markel, 'The real story behind penicillin', *News Hour*, PBS, 27 September 2013, <pbs.org/newshour/health/the-real-storybehind-the-worlds-first-antibiotic>.

62. 'The Nobel Prize in Physiology or Medicine 1945', The Nobel Prize, 2021, <nobelprize.org/ prizes/medicine/1945/summary>.

63. Siang Yong Tan and Yvonne Tatsumura, 'Alexander Fleming (1881–1955): Dicoverer of penicillin', *Singapore Medical Journal*, vol. 56, issue 7, July 2015, <doi.org/10.11622/smedj.2015105>.

64. 譯注：含酒精成分的治療藥物。

65. Sean P Gordon, Elizabeth Tseng, Asaf Salamov, Jiwei Zhang, Xiandong Meng, Zhiying Zhao, Dongwan Kang, Jason Underwood, Igor V Grigoriev, Melania Figueroa, Jonathan S Schilling, Feng Chen and Zhong Wang, 'Widespread polycistronic transcripts in fungi revealed by single-molecule mRNA sequencing', *PLoS ONE*, vol. 7, issue 10, 2015, <doi.org/10.1371/journal.pone.0132628>.

66. Paul Stamets and Heather Zwickey, 'Medicinal mushrooms: Ancient remedies meet modern science', *Integrative Medicine (Encinitas)*, vol. 13, 2014, <pubmed.ncbi.nlm.nih.gov/26770081>.

67. Jeff Chilton, interview with the authors, 2020.

68. 譯注：適應原一詞起源於 1947 年，指稱具有「抗壓性」且能保持體內平衡的物質，主要指傳統中國與印度的草藥。

69. Koichiro Mori, Satoshi Inatomi, Kenzi Ouchi, Yoshihito Azumi and Takashi Tuchida, 'Improving effects of the mushroom yamabushitake (*Hericium erinaceus*) on mild cognitive impairment: A double-blind placebo-controlled clinical trial', *Phytotherapy Research*, vol. 23, issue 3, 2008, <doi.org/10.1002/ ptr.2634>.
70. Yuusuke Saitsu, Akemi Nishide, Kenji Kikushima, Kuniyoshi Shimizu and Koichiro Ohnuki, 'Improvement of cognitive functions by oral intake of *Hericium erinaceus*', *Biomedical Research*, vol. 40, issue 4, 2019, <doi.org/10.2220/biomedres.40.125>.
71. Koichiro Mori, Yutaro Obara, Mitsuru Hirota, Yoshihito Azumi, Satomi Kinugasa, Satoshi Inatomi and Norimichi Nakahata, 'Nerve growth factor-inducing activity of *Hericium erinaceus* in 1321N1 human astrocytoma cells', *Biological and Pharmaceutical Bulletin*, vol. 31, issue 9, 2008, <doi.org/10.1248/bpb.31.1727>.
72. Keenan A Walker, Rebecca F Gottesman, Aozhou Wu, David S Knopman, Alden L Gross, Thomas H Mosley Jr, Elizabeth Selvin and B Gwen Windham, 'Systemic inflammation during midlife and cognitive change over 20 years: The ARIC study', *Neurology*, vol. 92, 2019, <pubmed. ncbi.nlm.nih.gov/30760633>.
73. 摘自作者於 2020 年對傑夫・奇爾頓的訪談。
74. Katie R Hirsch, Abbie E Smith-Ryan, Erica J Roelofs, Eric T Trexler and Meredith G Mock, '*Cordyceps militaris* improves tolerance to high intensity exercise after acute and chronic supplementation', *Journal of Dietary Supplements*, vol. 14, issue 1, 2016, <doi.org/10.1080/19390211.2016.1203386>
75. Steve Chen, Zhaoping Li, Robert Krochmal, Marlon Abrazado, Woosong Kim and Christopher B Cooper, 'Effect of Cs-4® (*Cordyceps sinensis*) on exercise performance in healthy older subjects: A double-blind, placebo-controlled trial', *The Journal of Alternative and Complementary Medicine*, vol. 16, no. 5, 2010, <doi.org/10.1089/acm.2009.0226>.
76. Kanitta Jiraungkoorskul and Wannee Jiraungkoorskul, 'Review of naturopathy of medical mushroom, *Ophiocordyceps sinensis*, in sexual dysfunction', *Pharmacognosy Reviews*, vol. 10, issue 19, 2016, <doi.org/10.4103/0973-7847.176566>.
77. Parris M Kidd, 'The use of mushroom glucans and proteoglycans in cancer treatment', Alternative Medicine Review: a *Journal of Clinical Therapeutic*, vol. 5, issue 1, 2000, <pubmed.ncbi.nlm.nih.gov/10696116>.
78. Parris M Kidd, 'The use of mushroom glucans and proteoglycans in cancer treatment'.
79. Stanford Medicine, 'Yeast engineered to manufacture complex medicine', *ScienceDaily*, 2 April 2018, <sciencedaily.com/releases/2018/04/180402192627.htm>.
80. Barry V McCleary and Anna Draga, 'Measurement of ß-glucan in mushrooms and mycelial products', *Journal of AOAC International*, vol. 99, issue 2, 2016, <doi.org/10.5740/jaoacint.15-0289>.
82. 譯注：事實上，除了真菌細胞壁外，植物細胞壁也同樣含有 β-葡聚醣，臺灣法令僅規定產品呈現八大營養素分析以及成分內容（包含原物料與添加物），因此查看 β-葡聚醣的百分比含量的幫助有限。
82. 摘自作者於 2020 年對傑夫・奇爾頓的訪談。
83. 譯注：2022 年研究指出，許多動物（包含人類）的胃可以分泌酵素分解真菌細胞壁，但效率不高。所以，吃下乾燥菇粉仍可獲得一些有活性的藥用化合物，只是效果沒有萃取物來的好。但是，乾燥菇粉聽起來就不好吃，所以還是拿去煮過再說吧！
84. Ayodele Rotimi Ipeaiyeda, Clementina Oyinkansola Adenipekun and Oluwatola Oluwole, 'Bioremediation potential of Ganoderma lucidum (Curt:Fr) P. Karsten to remove toxic metals from abandoned battery slag dumpsite soil and immobilisation of metal absorbed fungi in bricks', *Cogent Environmental Science*, vol. 6, issue 1, 2020, <doi.org/10.1080/23311843.2020.1847400>.
85. Nahid Akhtara and M Amin-ul Mannan, 'Mycoremediation: Expunging environmental pollutants', *Biotechnology Reports*, vol. 26, 2020, <doi.org/10.1016/j.btre.2020.e00452>.

致幻劑

86. RR Griffiths, WA Richards, U McCann and R Jesse, 'Psilocybin can occasion mystical-type experiences having substantial and sustained personal meaning and spiritual significance', *Psychopharmacology*, vol. 187, 2006, <doi.org/10.1007/s00213-006-0457-5>.
87. Kerry Lotzof, Are we really made of stardust?, Natural History Museum website, n.d., <nhm.ac.uk/discover/are-we-really-made- of-stardust.html>.
88. Elizabeth Howell, Humans really are made of stardust, and a new study proves it, Space.com, 2017, <space.com/35276-humans-made-ofstardust-galaxy-life-elements.html>.
89. Cynthia Carson Bisbee, *Psychedelic Prophets: The Letters of Aldous Huxley and Humphry Osmond*, McGill-Queen's University Press, Montreal, 2018, p. 267.
90. Carl Sagan and Ann Druyan, *The DemonHaunted World: Science as a Candle in the Dark*, Random House, New York, 1995.
91. Jamilah R George, Timothy I Michaels, Jae Sevelius and Monnica T Williams, 'The psychedelic renaissance and the limitations of a White-dominant medical framework: A call for indigenous and ethnic minority inclusion', *Journal of Psychedelic Studies*, vol. 4, issue 1, 2020, <doi.org/10.1556/2054.2019.015>.
92. Bianca M Dinkelaar, 'Plato and the language of mysteries', *Mnemosyne*, vol. 73, issue 1, 2020, <doi.org/10.1163/1568525X-12342654>.
93. David Horan, 'Plato's Phaedrus', *The Dialogues of Plato*, 2008, <platonicfoundation.org/ phaedrus>.
94. Alexander Shulgin and Ann Shulgin, *TiHKAL The Continuation*, Transform Press, Berkeley, 1997.
95. Antonia Tripolitis, *Religions of the HellenisticRoman Age*, Eerdmans Publishing Company, 2001.
96. FJ Carod-Artal, 'Hallucinogenic drugs in pre-Columbian Mesoamerican cultures', *Neurología*, vol. 30, issue 1, 2015, <doi.org/10.1016/j.nrl.2011.07.003>.
97. Richard Evans Schultes, Albert Hofmann and Christian Rätsch, *Plants of the Gods, Inner Traditions*, Rochester, 1979.
98. Richard Evans Schultes, 'The identification of teonanácatl, a narcotic basidiomycete of the Aztecs', *Botanical Museum Leaflets of Harvard University – Plantae Mexicanae II*, vol. 7, no. 3, 1939, <samorini.it/doc1/alt_aut/sz/schultesidentification-of-teonanacatl.pdf>.
99. Albert Hofmann, LSD, *My Problem Child*, Oxford University Press, Oxford, 2013, p. 18.
100. Albert Hofmann, LSD, *My Problem Child*, p. 19.
101. David E Nichols, 'Psychedelics', *Pharmacological Reviews*, vol. 68, issue 2, 2016, <doi.org/10.1124/ pr.115.011478>.
102. R Gordon Wasson, 'Seeking the Magic Mushroom', *LIFE*, 1957.
103. R Gordon Wasson, 'Seeking the Magic Mushroom', *LIFE*.
104. Lyrics from the song 'Maria Sabina' by El Tri, Producciones Lora, Mexico City, 1989.
105. Select Committee on Intelligence and Committee on Human Resources, *Project MK-ULTRA, The CIA's Program of Research in Behavioral Modification*, 1977, <intelligence.senate.gov/ sites/default/files/hearings/95mkultra.pdf>.
106. Ram Dass, *Be Here Now*, Lama Foundation, San Cristobal, 1971.
107. Ram Dass, *Be Here Now*.
118. Walter Norman Pahnke, *Drugs and Mysticism*, Harvard University, 1963, <maps.org/images/ pdf/books/pahnke/walter_pahnke_drugs_and_ mysticism.pdf>.
109. San Luis Obispo, 'Timothy Leary, drug advocate, walks away from coast prison', *The New York Times*, 14 September 1970, <nytimes. com/1970/09/14/archives/timothy-leary-drugadvocate-walks-away-from-coast-prison.html>.
110. Rob Harper (director), *Journeys to the Edge of Consciousness*, Hidden Depths Production, 2019, <journeysmovie.com>.
111. Terence McKenna, 'McNature', *Psychedelic*

Salon [podcast], 16 September 2009, <psychedelicsalon.com/podcast-197-mcnature>.

112. Walter Isaacson, *Steve Jobs*, Little, Brown, London, 2011.
113. 商品名為「利他能」(Ritalin)。
114. RR Griffiths, WA Richards, U McCann and R Jesse, 'Psilocybin can occasion mystical-type experiences having substantial and sustained personal meaning and spiritual significance', *Psychopharmacology*, vol. 187, 2006, <doi.org/10.1007/s00213-006-0457-5>.
115. Kevin Balktick (director), *The Johns Hopkins Story*, Horizons Media, <horizons.nyc/ films/ john-hopkins-story>.
116. FX Vollenweider, MF VollenweiderScherpenhuyzen, A Bäbler, H Vogel and D Hell, 'Psilocybin induces schizophrenia-like psychosis in humans via a serotonin-2 agonist action', *NeuroReport*, vol. 9, issue 17, 1998, <doi.org/10.1097/00001756-199812010-00024>.
117. Robin L Carhart-Harris, David Erritzoe, Tim Williams, James M Stone, Laurence J Reed, Alessandro Colasanti, Robin J Tyacke, Robert Leech, Andrea L Malizia, Kevin Murphy, Peter Hobden, John Evans, Amanda Feilding, Richard G Wise, and David J Nutt, 'Neural correlates of the psychedelic state as determined by fMRI studies with psilocybin', *PNAS*, vol. 109, no. 6, 2012, <doi.org/10.1073/pnas.1119598109>.
118. Cola SL Lo, Samuel MY Ho and Steven D Hollon, 'The effects of rumination and negative cognitive styles on depression: A mediation analysis', *Behaviour Research and Therapy*, vol. 46, issue 4, 2008, <doi.org/10.1016/j.brat.2008.01.013>.
119. G Petri, P Expert, F Turkheimer, R CarhartHarris, D Nutt, PJ Hellyer and F Vaccarino, 'Homological scaffolds of brain functional networks', *Journal of the Royal Society Interface*, 2014, <doi.org/10.1098/rsif.2014.0873>.
120. Stanislav Grof, *LSD Psychotherapy: The Healing Potential of Psychedelic Medicine*, Multidisciplinary Association for Psychedelic Studies, San Jose, 2008.
121. Image adapted from G Petri, P Expert, F Turkheimer, R Carhart-Harris, D Nutt, PJ Hellyer and F Vaccarino, 'Homological scaffolds of brain functional networks', *Journal of the Royal Society Interface*, 2014, <doi.org/10.1098/rsif.2014.0873>.
122. 譯注:指完全投入活動的心智振奮狀態。
123. 譯注:不斷重複簡單形狀,並在每次重複時把形狀縮小,如此所構成的複雜不規則線條或圖案。
124. 譯注:指大腦所處理的新資訊(得到並歸納清楚的知識)可以再被回憶起,且能在日後遇到相同或相似情況下作使用。
125. David Jay Brown, *Frontiers of Psychedelic Consciousness*, Park Street Press, Rochester, 2015.
126. Prof David J Nutt, Leslie A King and Lawrence D Phillips, 'Drug harms in the UK: A multicriteria decision analysis', *The Lancet*, vol. 376, no. 9572, 2010, <doi.org/10.1016/ S0140-6736(10)61462-6>.
127. Matthew W Johnson, William A Richards and Roland R Griffiths, 'Human hallucinogen research: Guidelines for safety', *Journal of Psychopharmacology*, vol. 22, issue 6, 2008, <doi.org/10.1177/0269881108093587>.
128. Alan Watts, *The Joyous Cosmology: Adventures in the Chemistry of Consciousness*, Vintage Books, New York, 1962.
129. 譯注:無論情緒如何都可以有的內在平和、滿足與不可動的知足感。
130. Catherine K Ettman, Salma M Abdalla, Gregory H Cohen, Laura Sampson, Patrick M Vivier and Sandro Galea, 'Prevalence of depression symptoms in US adults before and during the COVID-19 pandemic', *JAMA Network Open*, vol. 3, issue 9, 2020, <doi.org/10.1001%2F jamanetworkopen.2020.19686>.
131. Robin Carhart-Harris, Bruna Giribaldi, Rosalind Watts and Michelle Baker-Jones, 'Trial of psilocybin versus escitalopram for depression', *The New England Journal of Medicine*, 2021, <doi.org/10.1056/NEJMoa2032994>.
132. 摘自作者對馬歇爾・泰勒的訪談。
133. Christopher G Hudson, 'Socioeconomic status and mental illness: Tests of the social Causation and selection hypotheses', *American Journal of Orthopsychiatry*, vol. 75, no. 1, 2005, <doi.org/10.1037/0002-9432.75.1.3>.
134. *North Star Ethics Pledge*, North Star, 2020, <northstar.guide/ethicspledge>.
135. 摘自作者於 2020 年與瑞克・道布林的通信內容。
136. Denver, Colorado, Initiated Ordinance 301, *Psilocybin Mushroom Initiative (May 2019)*, Ballotpedia, n.d., <ballotpedia.org/Denver,_ Colorado,_Initiated_ Ordinance_301,_Psilocybin_ Mushroom_ Initiative_(May_2019)>.
137. Tim Ferriss, 'An urgent plea to users of psychedelics: Let's consider a more ethical menu of plants and compounds', *The Tim Ferriss Show*, 21 February 2021, <tim.blog/2021/02/21/ urgent-plea-users-of-psychedelics-ethical-plantscompounds>.
138. Abraham H Maslow, *Motivation and Personality*, *Harpers*, New York, 1954, p. 93.
139. Abraham H Maslow, *Religions, Values, and Peak-Experiences*, Ohio State University Press, Columbus, 1944, p. 27
140. Alan Watts, *The Book on the Taboo Against Knowing Who You Are*, Pantheon Books, New York, 1966.
141. Małgorzata Drewnowska, Krzysztof Lipka, Grażyna Jarzyńska, Dorota DanisiewiczCzupryńska and Jerzy Falandysz, 'Investigation on metallic elements in fungus *Amanita muscaria* (fly agaric) and the forest soils from the Mazurian lakes district of Poland', *Fresenius Environmental Bulletin*, vol. 22, no. 2, 2013, <researchgate.net/profile/Jerzy-Falandysz/ publication/285839446_Investigation_on_ metallic_elements_in_fungus_Amanita_ muscaria_Fly_Agaric_and_the_forest_soils_ from_the_Mazurian_Lakes_District_of_ Poland/ links/5a032bdaaca2720c32676ff0/ Investigationon-metallic-elements-in-fungus-Amanitamuscaria-Fly-Agaric-and-the-forest-soils-fromthe-Mazurian-Lakes-District-of-Poland.pdf>.

環境

142. William J Ripple, Christopher Wolf, Thomas M Newsome, Phoebe Barnard and William R Moomaw, 'World scientists' warning of a climate emergency', *BioScience*, vol. 70, issue 1, 2020, <doi.org/10.1093/ biosci/biz152>.
143. Peter H Gleick, *Water in Crisis: A Guide to the World's Fresh Water Resources*, Oxford University Press, Oxford, 1993.
144. UNESCO World Water Assessment Programme, *The United Nations World Water Development Report 2017: Wastewater: The UntappedRresource; Facts and Figures*, UNESCO, 2017, <unesdoc. unesco.org/ ark:/48223/pf0000247553>.
145. 摘自作者於 2020 年對特拉德・柯特的訪談。
146. KE Clemmensen, A Bahr, O Ovaskainen, A Dahlberg, A Ekblad, H Wallander, J Stenlid, RD Finlay, DA Wardle, and BD Lindahl, 'Roots and associated fungi drive long-term carbon sequestration in boreal forest', *Science*, vol. 339, issue 6127, 2013, <doi.org/10.1126/ science.1231923>.
147. Kathleen K Treseder and Sandra R Holden, 'Fungal carbon Sequestration', *Science*, vol. 339, issue 6127, 2013, <doi.org/10.1126/ science.1236338>.
148. 摘自作者於 2020 年對傑夫・拉維奇的訪談。
149. Levon Durr, *Mycoremediation Project: Using Mycelium to Clean Up Diesel-Contaminated Soil in Orleans*, California, Fungaia Farm, 2016, <fungaiafarm.com/wp-content/ uploads/2014/07/ MycoremediationReport_ FungaiaFarm_2016.pdf>.
150. 摘自作者於2020年對萊文・杜爾的訪談。
151. 摘自作者於 2020 年對喬安妮・羅德里格斯的訪談。
152. Roland Geyer, Jenna R Jambeck and Kara Lavender Law, 'Production, use, and fate of all plastics ever made', *Science Advances*, vol. 3, no. 7, 2017, <doi.org/10.1126/ sciadv.1700782>.
153. Marcus Eriksen, Laurent CM Lebreton, Henry S Carson, Martin Thiel, Charles J

Moore, Jose C Borerro, Francois Galgani, Peter G Ryan and Julia Reisser, 'Plastic pollution in the world's oceans: More than 5 trillion plastic pieces weighing over 250,000 tons afloat at sea', *PLOS*, 2014, <doi.org/10.1371/journal.pone.0111913>.

154. Sehroon Khan, Sadia Nadir, Zia Ullah Shah, Aamer Ali Shah, Samantha C Karunarathna, Jianchu Xu, Afsar Khan, Shahzad Munir and Fariha Hasan, 'Biodegradation of polyester polyurethane by *Aspergillus tubingensis*', *Environmental Pollution*, vol. 225, 2017, <doi.org/10.1016/j.envpol.2017.03.012>.

155. Food and Agriculture Organization of the United Nations, 'New standards to curb the global spread of plant pests and diseases', Food and Agriculture Organization of the United Nations, 2019, <fao.org/news/story/ en/item/1187738/icode>.

156. The Business Research Company, *Pesticide and Other Agricultural Chemicals Global Market Report 2021: COVID-19 Impact and Recovery to 2030*, The Business Research Company, 2021, <researchandmarkets.com/reports/ 5240332/pesticide-and-other-agriculturalchemicals-global>.

157. Kristin S Schafer and Emily C Marquez, *A Generation in Jeopardy: How Pesticides Are Undermining Our Children's Health & Intelligence*, Pesticide Action Network North America, 2013.

158. Environmental Protection Agency, *What are biopesticides?*, United States Environmental Protection Agency, n.d., <epa.gov/ingredients-used-pesticide-products/what-are-biopesticides>.

159. 'How Dangerous Is Pesticide Drift?', *Scientific American*, 2012, <scientificamerican.com/article/pesticide-drift>.

160. Stephen Leahy, 'World Water Day: The cost of cotton in water-challenged India', *The Guardian*, 21 March 2015, <theguardian.com/sustainablebusiness/2015/mar/20/cost-cotton-waterchallenged-india-world-water-day>.

161. Freek Appels and Han Wosten, 'Mycelium materials', *Encyclopedia of Mycology*, vol. 2, 2021, <doi.org/10.1016/B978-0-12-8096338.21131-X>.

162. World Wild Life, *Deforestation and Forest Degradation*, World Wild Life, n.d., <worldwildlife.org/threats/deforestation-and-forest-degradation>.

163. 摘自作者於2020年對毛里齊奥・蒙塔提的訪談。

164. 摘自作者於2020年對毛里齊奥・蒙塔提的訪談。

165. 摘自作者於2020年對埃哈卜・賽義德的訪談。

166. HAB Woesten, P Krijgsheld, M Montalti, H Lakk, 'Growing fungi structures in space', *European Space Agency, the Advanced Concepts Team, Ariadna Final Report*, European Space Agency, 2018, <esa.int/gsp/ACT/doc/ARI/ ARI%20Study%20Report/ACT-RPT-HAB-ARI16-6101-Fungi_structures.pdf>.

167. Lisa Anne Hamilton and Steven Feit, *Plastic & Climate: The Hidden Costs of a Plastic Planet*, Center for International Environmental Law, 2019, <ciel.org/reports/plastic-health-thehidden-costs-of-a-plastic-planet-may-2019>.

168. 摘自作者於2020年對艾本・拜耳的訪談。

169. 摘自作者於2020年對艾本・拜耳的訪談。

170. Arnaud de la Tour, Massimo Portincaso, Nicolas Goeldel, Arnaud Legris, Sarah Pedroza and Antoine Gourévitch, *Nature Co-Design: A Revolution in the Making*, Boston Consulting Group and Hello Tomorrow, 2021, <hellotomorrow.org/bcg-nature-co-design-arevolution-in-the-making/>.

171. Royal Botanic Gardens Kew, *State of the World's Fungi 2018*.

172. Francisco Kuhar, Giuliana Furci, Elisandro Ricardo Drechsler-Santos and Donald H Pfister, 'Delimitation of Funga as a valid term for the diversity of fungal communities: The Fauna, Flora & Funga proposal (FF&F)', *IMA Fungus*, vol. 9, 2018, <doi.org/10.1007/BF03449441>.

173. Patryk Nowakowski, Sylwia K Naliwajko, Renata Markiewicz-Żukowska, Maria H Borawska and Katarzyna Socha, 'The two faces of *Coprinus comatus*—Functional properties and potential hazards', Phytotherapy Research, vol. 34, issue 11, 2020, <doi.org/10.1002/ptr.6741>.

174. Jerzy Falandysz, 'Mercury bio-extraction by fungus Coprinus comatus: A possible bioindicator and mycoremediator of polluted soils?', *Environmental Science and Pollution Research*, vol. 23, 2016, <doi.org/10.1007/s11356-015-5971-8>.

175. Mengwei Yao, Wenman Li, Zihong Duan, Yinliang Zhang and Rong Jia, 'Genome sequence of the white-rot fungus Irpex lacteus F17, a type strain of lignin degrader fungus', *Standards in Genomic Sciences*, vol. 12, 2017, <doi.org/10.1186/s40793-017-0267-x>.

176. Dong XiaoMing, Song XinHua, Liu KuanBo and Dong CaiHong, 'Prospect and current research status of medicinal fungus *Irpex lacteus*', *Mycosystema*, vol. 36, 2017, <cabdirect.org/cabdirect/abstract/20173091977>.

177. He-Ping Chen, Zhen-Zhu Zhao, Zheng-Hui Li, Tao Feng and Ji-Kai Liu, 'Seco-tremulane sesquiterpenoids from the cultures of the medicinal fungus *Irpex lacteus* HFG1102', *Natural Products and Bioprospecting*, vol. 8, 2018, <doi.org/10.1007/s13659-018-0157-y>.

延伸閱讀

泛讀參考

David Moore, Geoffrey D Robson and Anthony PJ Trinci, *21st Century Guidebook to Fungi*, Cambridge University Press, 2011

Merlin Sheldrake, *Entangled Life: How Fungi Make Our Worlds, Change Our Minds and Shape Our Futures*, Vintage Arrow, 2021

Peter McCoy, *Radical Mycology: A Treatise on Seeing and Working With Fungi*, Chthaeus Press, 2016

Royal Botanic Gardens Kew, *State of the World's Fungi*, 2018, available online <stateoftheworldsfungi.org>

Royal Botanic Gardens Kew, *State of the World's Plants and Fungi 2020*, 2020, available online <kew.org/science/state-of-the-worlds-plants-and-fungi>

食物

t and Tom May, *Wild Mushrooming: A Guide for Foragers*, CSIRO Publishing, 2021

David Agora, *Mushrooms Demystified*, Clarkson Potter/Ten Speed, 1986

Michael Pollan, *The Omnivore's Dilemma: A Natural History of Four Meals*, Penguin Press, 2006

醫藥

Alison PoulioChristopher Hobbs, *Christopher Hobbs's Medicinal Mushrooms: The Essential Guide: Boost Immunity, Improve Memory, Fight Cancer, Stop Infection, and Expand Your Consciousness*, Storey Publishing, 2021

Mushroom References [website], <mushroomreferences.com>

Paul Stamets, *Growing Gourmet and Medicinal Mushrooms*, Clarkson Potter/Ten Speed, 2000

致幻劑

Aldous Huxley, *The Doors of Perception: And Heaven and Hell*, Chatto & Windus, 1954

Alexander Shulgin, *The Nature of Drugs: History, Pharmacology, and Social Impact*, Transform Press, 2021

Alexander Shulgin and Ann Shulgin, *TiHKAL: The Continuation*, Transform Press, 2002

Françoise Bourzat and Kristina Hunter, *Consciousness Medicine: Indigenous Wisdom, Entheogens, and Expanded States of Consciousness for Healing and Growth*, North Atlantic, 2019

James Fadiman, *The Psychedelic Explorer's Guide: Safe, Therapeutic, and Sacred Journeys*, Park Street Press, 2011

Julie Holland, *Good Chemistry: The Science of Connection, from Soul to Psychedelics*, Harper Wave, 2020

Michael Pollan, *How to Change Your Mind:* The New Science of Psychedelics, Penguin, 2019

Terence McKenna, *The Archaic Revival: Speculations on Psychedelic Mushrooms, the Amazon, Virtual Reality, UFOs, Evolution, Shamanism, the Rebirth of the Goddess and the End of History*, HarperCollins, 1998

Terence McKenna, *Food of the Gods: The Search for the Original Tree of Knowledge: A Radical History of Plants, Drugs, and Human Evolution*, Random House, 1980

環境

Annie Leonard, *The Story of Stuff* [video], <youtube.com/watch?v=9GorqroigqM>

Paul Stamets, *Mycelium Running: How Mushrooms Can Help Save the World*, Clarkson Potter/Ten Speed, 2005

Suzanne Simard, *Finding the Mother Tree: Uncovering the Wisdom and Intelligence of the Forest*, Allen Lane, 2021

誌謝

本書由兼容並蓄和無畏靈魂的熔爐中鑄造而得。我們對所有在我們意識中留下持久印記的人、故事和觀點表示最深切的感謝與愛。

感謝Paulina de Laveaux，我們對你的編輯直覺感到敬畏。你的信念和友誼，引導我們從構思到完成這本書。這個過程是一個無限的喜悅。

感謝Evi O工作室，這個計畫源於你對我們的信任。你那雙優秀銳利的眼神（包括內在）和創造性的眼光是無與倫比的。從不改變。

感謝Joanna Huguenin，你透過無數次反覆運算呈現的生物形態風格和數位藝術，讓這本書栩栩如生。我們因你對工藝的奉獻精神而受到鼓舞。

感謝Sam Palfreyman，你的熱情、才智和嚴謹使這本書清晰而連貫。我們也會跟你一樣，始終專注於細節。

感謝Lorna Hendry，你對文字的熱愛和對每一行文字的關心，讓一切變得不同。你是一個真正的創意專業人士。

感謝Gunther M Weil，你的心靈和智慧將永遠是我們和這本書的一部分。我們對於能夠進入你的人生旅程而深感榮幸。

感謝Wilson Leung，你的設計天賦融入了每一頁的每個角落。請持續展現自己的風格。

感謝Thames & Hudson出版社，讓我們這本書能在你們無邊際的書單裡有上架展示的機會。

當然，對於所有做出貢獻的專家和真菌愛好者，你們的工作和慷慨解囊，我們深表感謝：

Alison Pouliot
Amanda Feilding
Andrew Millison
David Breslauer
David Zilber
Eben Bayer & Ecovative team
Ehab Sayed
Eugenia Bone
Francesca Gavin
Françoise Bourzat & CM team
Geoff Dann
Giuliana Furci
Gunther Weil
Jeff Chilton
Jeff Ravage
Jim Fuller & Fable team
Levon Durr
Marshall Tyler
Mary Cosimano
Maurizio Montalti
Paul Gilligan
Peter McCoy
Rick Doblin & MAPS team
Robert Rogers
Sehroon Khan
Shauna Toohey
Sophia Wang
Thomas Roberts
Tom May
Tradd Cotter

林麥克：爸爸、媽媽、安德魯、胡安妮塔和芸，你們的愛給了我敞開的心胸。

蘇芸：爸爸、媽媽、陸文麗、肯、邦妮和麥克，你們教會了我無條件的愛。

最後，感謝這個為解決問題而創建真實活動模擬的老師。感謝我們在森林和城市中翩翩起舞時遇到的所有同步性、可能性和靈感。感謝迄今為止吸取的所有教訓，以及所有仍然存在的教訓。感謝你。

索引

11 劃

12 劃

13 劃

14 劃

16 劃

17 劃

18 劃以上

關於作者

林麥克出生於雪梨，其職業生涯始於創立技術和消費類的新創公司，他在二十一歲時與人共同創立一個線上眼鏡品牌，是澳洲最大眼鏡連鎖店之一。然而，早期致幻劑的轉變經歷激發了他對真菌的迷戀，並促使他改變職業。目前他致力於研究真菌、致幻劑、生態學和人類學。對心靈的探索以及自然如何引起意識狀態的改變，使他走上自我探尋的道路，並走向對世界觀轉變的融入。透過寫作，麥克正尋求藉由藝術和科學加深對人類體驗的理解。

蘇芸是一位有天賦的研究者，致力於意識的研究，並使用語言和文化作為連結和治療工具。她出生於上海，從小就接觸到傳統中醫藥和真菌的益處。在雪梨和倫敦銀行的企業策略部門取得事業成功後，她藉由流瑜伽（Vinyasa）教師培訓轉向靈性探尋。同時，早期的致幻經歷塑造了對她人類體驗的整體探索。現在，蘇芸尋求分享她藉由多年實踐研究獲得的智慧和知識。

林麥克和蘇芸的探索已促成他們的哲學查究，並朝著調和科學與靈性的目標前進。有關他們合作的創意計畫，可前往「致幻」（The Psy）網站進一步查看。

VX0077
真菌大未來
從食品、醫藥、建築、環保到迷幻
不斷改變世界樣貌的全能生物

原 著 書 名／The Future is Fungi: How Fungi Can Feed Us, Heal Us, Free Us and Save Our World
作　　　者／林麥克 Michael Lim、蘇芸 Yun Shu
譯　　　者／顧曉哲

總　編　輯／王秀婷
責 任 編 輯／郭羽漫
版　　　權／沈家心
行 銷 業 務／許紫晴、羅伃伶

發　行　人／凃玉雲
出　　　版／積木文化
104 台北市民生東路二段 141 號 5 樓
官方部落格：http://cubepress.com.tw/
電話：(02) 2500-7696　傳真：(02) 2500-1953
讀者服務信箱：service_cube@hmg.com.tw
發　　　行／英屬蓋曼群島商家庭傳媒股份有限公司城邦分公司
台北市民生東路二段 141 號 11 樓
讀者服務專線：(02)25007718-9　24 小時傳真專線：(02)25001990-1
服務時間：週一至週五上午 09:30-12:00、下午 13:30-17:00
郵撥：19863813　戶名：書虫股份有限公司
網站：城邦讀書花園　網址：www.cite.com.tw
香港發行所／城邦（香港）出版集團有限公司
香港九龍九龍城土瓜灣道 86 號順聯工業大廈 6 樓 A 室
電話：852-25086231　傳真：852-25789337
電子信箱：hkcite@biznetvigator.com
馬新發行所／城邦（馬新）出版集團
Cite (M) Sdn Bhd
41, Jalan Radin Anum, Bandar Baru Sri Petaling,
57000 Kuala Lumpur, Malaysia.
電話：603-90578822　傳真：603-90576622
email: services@cite.my

封 面 完 稿／PURE
內 頁 排 版／PURE
製 版 印 刷／上晴彩色印刷製版有限公司

真菌大未來：從食品、醫藥、建築、環保到迷幻，不斷改變世界樣貌的全能生物 / 林麥克 (Michael Lim), 蘇芸 (Yun Shu) 作；顧曉哲譯. -- 初版. -- 臺北市：積木文化出版：英屬蓋曼群島商家庭傳媒股份有限公司城邦分公司發行, 2023.12
面；　公分
譯自：The future is fungi : how fungi can feed us, heal us, free us and save our world.
ISBN 978-986-459-547-1(平裝)

1.CST: 眞菌 2.CST: 食用菌 3.CST: 菇類

379.1　　112017734

【印刷版】
2023 年 12 月初版一刷
售價／850 元
ISBN ／ 9789864595471

【電子版】
2023 年 12 月
售價／595 元
ISBN ／ 9789864595440 (EPUB)